Waldblumen bestimmen – leicht gemacht

● Bestimmungsteil (Seite 52 bis 143)

Farbfotos von Waldblumen, auch Detailaufnahmen und Steckbrieftexte mit Beschreibungen aller wichtigen Erkennungsmerkmale und ähnlicher Arten.

● GU Kennfarben-Code
(siehe gegenüberliegende Klappe)

Farbige Kennstreifen und Blütensymbole führen zu den vier Waldblumengruppen:

- Kennfarbe Rot: Waldblumen mit zartrosa bis rotvioletten Blüten
- Kennfarbe Weiß: Waldblumen mit reinweißen bis cremefarbenen Blüten
- Kennfarbe Blau: Waldblumen mit hellblauen bis blauvioletten Blüten
- Kennfarbe Gelb: Waldblumen mit blaßgelben bis orangefarbenen Blüten

● »Moose und Farne« (hintere Klappe)

Auffallende und schöne Moose und Farne auf einen Blick.

← Bitte aufklappen!

Lange vor dem Laubaustrieb legt der fahle Waldboden kräftig Farbe zu: Leberblümchen und Waldprimeln überziehen ihn flächig mit einem bunten Flickenteppich.

GU Naturführer

Waldblumen

Bruno P. Kremer

Die wichtigen Blütenpflanzen Mitteleuropas in Laub-, Nadel- und Bergwald bestimmen, kennenlernen, schützen

240 Naturfarbfotos bekannter Naturfotografen
28 Zeichnungen von Marlene Gemke

GU GRÄFE UND UNZER

Inhalt

Die Blätter des Wald-Sauerklees haben Ruhestellung eingenommen.

Waldblumen kennenlernen

10 Blüten - Lockmittel der Pflanze
10 Der Aufbau einer Blüte
14 Blütensymmetrie
14 Von der Einzelblüte zum Blütenkorb
16 Blätter - Variation in Grün
16 Blattstellungen
17 Formenvielfalt
20 Bestäubungshelfer Insekten
20 Nektar und Blütenstaub - Nahrung für Insekten
21 Üppige Formen, lockende Düfte
22 Mit List und Tücke
24 Samenverbreitung
24 Vom Winde verweht
24 Mit Haken und Ösen
26 Kleine und große Appetithäppchen
27 Raffinierte Samenschleudern
27 Konsumbeschränkung
28 Leben mit Licht- und Schattenseiten
28 Frühblüher
28 Lichtantenne Blattgrün
28 Schieberei im Untergrund

Waldblumen in ihrem Lebensraum

32 Laubwälder
32 Etwas aus der Waldgeschichte
32 Buchenwälder
34 Buchenwälder - kurz vorgestellt
36 Eichenwälder
38 Eichenwälder - kurz vorgestellt
39 Schluchtwälder

◀ **Foto Umschlagvorderseite: Leberblümchen.**

◀ **Foto Seite 2/3: Reife Fruchtstände des Aronstabes.**

42 Schluchtwälder - kurz vorgestellt
42 Auenwälder
44 Auenwälder - kurz vorgestellt
46 Nadelwälder
46 Kiefernwälder
46 Kiefernwälder - kurz vorgestellt
47 Bergwälder
48 Tannenwälder
48 Tannenwälder - kurz vorgestellt
50 Fichtenwälder und Fichtenforste
50 Fichtenwälder - kurz vorgestellt

Waldblumen bestimmen
54 Ratschläge und Tips fürs Bestimmen
55 Erklärungen der Silhouetten und Abkürzungen
56 Blütenfarbe Rot
80 Blütenfarbe Weiß
106 Blütenfarbe Blau
124 Blütenfarbe Gelb

Waldblumen schützen
146 Der Wald - Lebensraum für Pflanzen und Tiere
146 Lebensraum Wald
148 Neue Lebensräume schaffen
149 Den Wald in den Garten holen

152 Arten- und Sachregister
157 Die Fotografen, Impressum

Ein Wort zuvor

Der Wald ist unser wichtigster Naherholungsraum. Immer mehr Menschen zieht es an freien Tagen und am Wochenende hinaus in die Natur. Auf ihren Spaziergängen durch den Wald begegnen ihnen die unterschiedlichsten Waldblumen, darunter zarte, unscheinbare, aber auch botanische Schönheiten wie Waldvöglein, Türkenbund-Lilie, Frauenschuh.

Der GU Naturführer Waldblumen ist ein neuartiges Bestimmungsbuch, mit dem Sie die wichtigsten Blütenpflanzen in Laub-, Nadel- und Bergwald in naturgetreuen Farbfotos und anhand leicht verständlicher Steckbrieftexte sicher bestimmen können. Der GU Kennfarben-Code macht das Bestimmen leicht: Die Waldblumen sind nach Blütenfarben geordnet, farbige Kennstreifen signalisieren die Farben Rot, Weiß, Blau und Gelb.

Dieser GU Waldblumen-Führer ist aber mehr als nur ein Bestimmungsbuch. Im Kapitel „Waldblumen in ihrem Lebensraum" lernen Sie, daß jeder Waldtyp eine andere Flora besitzt, die sich zudem noch jahreszeitlich ändert. So wachsen im Laubwald im Frühjahr ganz andere Pflanzen als im Sommer, wenn sich das Laubdach geschlossen hat und nur wenig Licht auf den Waldboden fällt. Im Kapitel „Waldblumen kennenlernen“ werden nicht nur Aufbau und Aussehen der Waldblumen erklärt, sondern auch beschrieben, wie die Pflanzen es schaffen, im Schatten der Bäume zu wachsen und welche interessanten Verbindungen es zwischen Baum und Waldblume gibt. Im Ratgeberteil „Waldblumen schützen“ erfahren Sie etwas über den Lebensraum Wald und seinen Wert für Mensch und Tier, erhalten Sie Ratschläge und Tips, wie Sie Waldblumen im eigenen Garten ansiedeln können.

Viel Freude bei erlebnisreichen Waldspaziergängen wünschen der Autor und die GU Naturbuch-Redakion.

Blütenschmuck im Überfluß: Das Schmalblättrige Weidenröschen taucht die Waldlichtung in kräftiges Rosarot.

Waldblumen kennenlernen

Ein Wald ist in erster Linie eine Lebensgemeinschaft der großen Gehölze. Es kann also durchaus vorkommen, daß man hier vor lauter Bäumen die Waldblumen nicht sieht. Dennoch sind sie in den verschiedenen Waldtypen mit Artenvielfalt und Blütenreichtum vertreten – mal ganz in Gelb, dann wieder in Weiß, hier und da bevorzugt in Blau und mitunter auch reißerisch in Rot. Waldblumen muß man vor Ort erleben. Sehen, wie sie im Unterwuchs der Bäume leben und mit dem "Schattendasein" des Waldes fertigwerden. Erkennen, welche Verführungstricks sie einsetzen, um bestäubende Insekten wie Bienen und Hummeln, Schwebfliegen, Schmetterlinge oder Käfer anzulocken. Erleben, wie die Blüten reifen und trickreich ihre Samen und Früchte auf den Weg bringen.

Blüten – Lockmittel der Pflanze

Das grüne Blattwerk einer Pflanze mag noch so elegant oder dekorativ aussehen – gegen eine bunte, womöglich auch noch duftende Blüte kommt es einfach nicht an.
Blüten sind von ihrem Aussehen her, erst recht aber in Aufgabe und Leistung, richtige Wunderwerke der Natur, über die man sich freuen und noch mehr staunen kann.

Der Aufbau einer Blüte

Eine Blüte besteht aus speziell gestalteten, ihrer jeweiligen Funktion immer bestens angepaßten Blättern. Diese Umgestaltung kann so weit gehen, daß am fertigen Blütenblatt fast nichts mehr an die ursprüngliche Blattnatur erinnert. Bei manchen Blüten (zum Beispiel beim Diptam → Seite 72 oder beim Ausdauernden Silberblatt → Seite 59) erinnert eine feine, durch abweichende Färbung besonders hervorgehobene Aderung der Blütenblätter an die Nervatur eines gewöhnlichen Laubblattes. In vielen Fällen, beispielsweise bei der Gefleckten Taubnessel (→ Seite 77) oder bei der Türkenbund-Lilie (→ Seite 71), geht die Musterung der Blütenblätter jedoch ganz andere Wege und weicht völlig vom ursprünglichen Aderverlauf ab.
Von außen nach innen läßt sich an einer Blüte immer die gleiche Abfolge spezieller Blattorgane feststellen:
Auf dem Blütenboden, dem obersten, verbreiterten Teil des Blütenstiels, sitzen ganz außen (oder unten) die Kelchblätter, die die äußere Blütenhülle bilden. Ihnen schließen sich nach innen (oder oben) die Kronblätter (auch Blumenblätter genannt) als innere Blütenhülle an. Darauf folgen die Staubblätter und die Fruchtblätter. Beide sind in einer normalen Blüte in größerer Stückzahl vorhanden. Staubblätter und Fruchtblätter erinnern nur noch ganz entfernt an normale Blätter. Sie sind jedoch die wichtigsten Teile einer Blüte, denn sie entwickeln die Geschlechtszellen, aus deren Verschmelzung eine neue Pflanze hervorgeht.
Im Grundbauplan stimmen alle Blüten weitgehend überein. Allerdings hat die Natur diesen Grundbauplan immer wieder unglaublich vielfältig abgewandelt und ganz unterschiedlich aussehende Modelle entwickelt. So sind bei den Korbblütlern die Kronblätter im unteren Teil zu einer Röhre (Röhrenblüten) oder auch zungenförmig (Zungenblüten) verwachsen. Bei anderen Pflanzen können sie lippenförmig (Lippenblüten) ausgebildet sein. Praktisch jede Pflanzenart besitzt ihre eigene, artspezifische Blütengestalt.

Kelchblätter - vielgestaltiger Teil der Blütenhülle

Die Kelchblätter dienen in erster Linie während der Knospenzeit dem Schutz der inneren Blütenteile. Sie müssen aber nicht unbedingt klein, grün und unauffällig bleiben. Bei vielen Waldblumen tragen die Kelchblätter einen guten Teil zum attraktiven Äußeren der Blüte bei. Beim Echten Barbarakraut (→ Seite 127) sind sie gelb, beim Schmalblättrigen Weidenröschen (→ Seite 60) karminrot und beim Großen Springkraut

Zum Bild: Beim Roten Fingerhut werden die Gipfelblüten mitunter zu monströsen Gebilden: Statt sich zur fingerhutförmigen Glocke zu schließen, verwachsen sie untereinander und kehren ihre gefleckte Innenseite nach außen. Pelorien nennt man solche spontan auftretenden Umbildungen. ▶

(→ Seite 141) bilden sie einen hakenförmigen Sporn. Beim Frauenschuh (→ Seite 143) kann man fast gar keinen gestaltlichen Unterschied zwischen Kelch- und Kronblättern mehr erkennen. Auch beim Schneeglöckchen (→ Seite 101) oder beim Märzenbecher (→ Seite 100) sind die Kelchblätter ausgesprochen blumenblattartig und zu schönen Schaustücken geworden. Beim Hasenglöckchen (→ Seite 115) und beim Maiglöckchen (→ Seite 102) sind sie sogar mit den Kronblättern zu einer glockenförmigen Blütenhülle verwachsen.

Kronblätter - auffällig und schön

Normalerweise sind die stark vergrößerten und lebhaft ausgefärbten Kronblätter der mit Abstand auffälligste Teil einer Blüte.
Die Blütenkrone läßt sich mit einem großflächigen und augenfällig aufgemachten Werbeplakat vergleichen, das die Pflanzen dem Betrachter so offensichtlich entgegenbringen, daß es nicht lange unentdeckt bleiben kann.
Man denke nur an das knallige Purpurrot des Roten Fingerhuts (→ Seite 73), das leuchtende Blau der Pfirsichblättrigen Glockenblume (→ Seite 112) oder das satte Gelb des Gewöhnlichen Gilbweiderichs (→ Seite 132). Mindestens genau so werbewirksam sind auch weniger intensive Farben, etwa ein lichtes Rosa, ein vorsichtiges Blauviolett oder ein zartes Pastellgelb. Selbst reines Weiß bietet auch bei kleineren Blüten, zum Beispiel denen des Waldmeisters (→ Seite 84), noch Kontrast genug, um die blühende Pflanze buchstäblich in den Blick treten zu lassen.

Staubblätter - der männliche Teil der Blüte

Staubblätter sind bei vielen Pflanzenarten meist in sehr großer Anzahl vorhanden. Ein einzelnes Staubblatt setzt sich aus einem mehr oder weniger langen, fadenförmigen Stiel, dem sogenannten Staubfaden (Filament), und einem oben ansitzenden dickeren Teil, dem Staubbeutel, zusammen. Der Staubbeutel besteht aus zwei Hälften (Theken), die je zwei Pollensäcke enthalten, in denen ungeheure Mengen winzigkleiner Blütenstaubkörnchen (Pollen) heranreifen.
Bei den insektenblütigen Pflanzen sind die Pollen oft kräftig gefärbt und etwas klebrig, so daß sie leicht an den geflügelten Luftkurieren hängenbleiben.

**Zur Zeichnung: Die Blütenformen lassen sich in zwei große Gruppen einteilen:
Strahlenförmige oder radiärsymmetrische Blüten (obere Reihe, links Schnittbild) und spiegelsymmetrische oder zygomorphe Blüten (untere Reihe, links Schnittbild).**

Vom Kron- zum Fruchtblatt

Blütenköpfe des Huflattichs.

Fruchtblätter - der weibliche Teil der Blüte

Die Fruchtblätter stehen in der Mitte der Blüte. Sie sind bei allen Blütenpflanzen so miteinander verwachsen, daß sie einen Hohlraum umschließen – den sogenannten Fruchtknoten. Der Fruchtknoten ist nach oben meist in einen Stiel, den Griffel, verlängert. Am oberen Ende des Griffels sitzt eine klebrige Narbe, das Empfangsorgan für den Blütenstaub.

Es gibt Blütenpflanzen, bei denen alle Fruchtblätter zu einem einzigen Fruchtknoten miteinander verwachsen sind (→ Wald-Schlüsselblume Seite 133) und Blütenpflanzen, bei denen jedes einzelne Fruchtblatt zu einem eigenen Fruchtknoten zusammenwächst (→ Scharbockskraut, Seite 135), so daß eine Blüte mehrere Fruchtknoten besitzt.

Der Fruchtknoten kann zuoberst innerhalb der Blütenkrone sitzen (oberständiger Fruchtknoten) oder aber unterhalb der Kelch- und Kronblätter liegen (unterständiger Fruchtknoten).

Fruchtknoten sind oft grünlich oder gelb gefärbt. Sie können jedoch ebenso wie Narbenlappen auch sehr kräftig Farbe auftragen und das Erscheinungsbild der Blüte prägen.

Zum Bild: Der Frühstart in die Blühsaison bringt mitunter Probleme, wenn sich spätwinterliche Schneefälle einstellen.

Waldblumen kennenlernen

Blütensymmetrie

Ganz unabhängig von Größe, Farbigkeit und Anzahl der Blütenblätter lassen sich die Waldblumen nach ihrer Blütenform in zwei große Gruppen einteilen:

- Die farbigen Blütenblätter sind angeordnet wie die Speichen eines Rades oder die Zacken eines Sternes. Sie lassen immer mehrere Symmetrieachsen zu, man nennt sie deswegen auch radiärsymmetrische Blüten.
- Es sind nur die rechte und die linke Blütenhälfte deckungsgleich, die obere und untere dagegen nicht. Solche Blüten nennt man zygomorph oder zweiseitig (spiegelbildlich) symmetrisch.

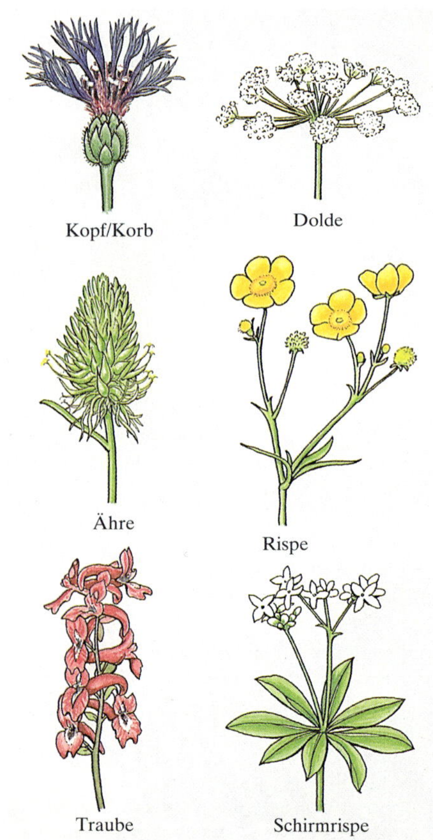

Von der Einzelblüte zum Blütenkorb

Sehr viele Waldblumen begnügen sich damit, jeweils nur eine besonders hübsche Blüte auf verlängertem Stiel ins rechte Licht zu heben. Moosglöckchen (→ Seite 90) und Zweiblütiges Veilchen (→ Seite 138) tragen immer je zwei Blüten auf einem Stiel.

Die Mehrzahl aller Waldblumen aber büschelt und bündelt ihre Blüten zu größeren Blütenständen, um auch ja aufzufallen und Bestäuber anzulocken. Für den Aufbau solcher Blütenstände gibt es mehrere Möglichkeiten:

<u>Ähre</u>: Viele ungestielte Einzelblüten sitzen an einer verlängerten, unverzweigten Achse.

<u>Dolde</u>: Hier gehen die Blütenstiele allesamt von einem Punkt der Hauptachse aus und sind meist von einem Kranz kleiner Blättchen, der Hülle, umgeben. Jeder einzelne Doldenstrahl kann an seinem Ende noch eine kleine Dolde, das Döldchen, tragen, so daß eine doppelte oder zusammengesetzte Dolde entsteht, wie zum Beispiel bei der Wald-Engelwurz (→ Seite 96).

Die Blättchen am Grund jedes Döldchens nennt man Hüllchen.

<u>Köpfchen</u>: Hier sitzen viele Blüten auf verkürzten und meist unverzweigten Blütenstielen dicht gedrängt zusammen.

<u>Korbblüte</u>: Blütenstände, die wie eine einzige große Superblüte aussehen und sich auch so verhalten, tatsächlich aber ein dicht gedrängter Strauß vieler kleiner Einzelblüten sind.

Bei den Korbblütengewächsen ist dieses Arrangement sogar ein Familienmerk-

Zur Zeichnung: Viele Pflanzen gruppieren ihre Einzelblüten zu kennzeichnenden Blütenständen. Hier nur eine kleine Auswahl, was die Natur so zu bieten hat.

Blüten und Blütenstände

Blick ins Blüteninnere vom Stinkenden Storchschnabel.

Zum Bild: Der innere Staubblattkreis hat seine Pollensäcke bereits geöffnet und viele gelbe Staubkörnchen entlassen. Die äußeren Staubblätter sind noch geschlossen in Warteposition.

mal. Bei der Berg-Flockenblume (→ Seite 116) sind die Blütenstiele aller Einzelblüten so stark verkürzt, daß sie alle wie in einem Korb zu sitzen scheinen. Die am Rand stehenden Blüten sind oft deutlich vergrößert, damit der Gesamteindruck einer Blütenkrone mit besonders üppigen Kronblättern entsteht.

Rispe: Eine Rispe unterscheidet sich von der Traube dadurch, daß die einzelnen Blüten am Ende verzweigter Seitenachsen sitzen.

Schirm- oder Doldenrispe: Diese Blütenstände sehen von oben aus wie eine Dolde, zeigen aber von der Seite ganz klar das typische Verzweigungsmuster einer Rispe.

Traube: Viele deutlich gestielte Blüten sitzen an einem verlängerten, unverzweigten Stengel.

Fast alle Blütenstände lassen sich diesen wenigen Grundmustern zuordnen. Natürlich gibt es – wie überall in der Natur – auch viele Sonderfälle. Diese sollen hier aber unberücksichtigt bleiben, denn sie würden den Rahmen dieses Buches sprengen.
Auch bei den vielfach sehr unauffällig blühenden Gräsern, Binsen und Seggen treten die Blütenstandsbaupläne der bunten Waldblumen in vereinfachter Form auf.

Blätter - Variation in Grün

Nicht nur die Blüten, sondern auch die Form und Größe der grünen Blätter sind so verschieden, daß man danach mit einiger Erfahrung die einzelnen Pflanzenarten bestimmen kann.
Auf vier Merkmale sollte man beim Betrachten der Blätter besonders achten: die Blattstellung, die Blattform, die Blattflächenteilung und den Blattrand. Hinzu kommen weitere Besonderheiten wie Blattaderung, Behaarung, auffälliger Glanz, bemerkenswerte Farbe oder Blattfestigkeit.

Blattstellungen
Die Blätter können ganz verschieden am Stengel angeordnet sein (→ Zeichnung unten). Stengelbereiche, an denen ein Blatt sitzt, nennt man Knoten, die blattfreien Zwischenstücke Internodien. Manche Stengel erscheinen durch blattartige Längsleisten geflügelt. Steht an einem Knoten nur ein Blatt, so ergibt sich eine wechselständige oder spiralige Blattstellung. Sind an einem Knoten zwei oder mehrere Blätter vorhanden, spricht man von einer gegenständigen oder wirteligen Blattstellung.
Bei der Gefleckten Taubnessel (→ Seite 77) zum Beispiel stehen sich an einem Knoten immer zwei Blätter gegenüber. Am folgenden Knoten sitzt wieder ein solches gegenständiges Blattpaar, es ist jedoch zu seinen Vorgängern um einen rechten Winkel gedreht. Man spricht nun von einer kreuzgegenständigen Blattstellung. Diese Anordnung ist keine geometrische Spielerei, sondern verhindert, daß die Blätter aufeinanderfolgender Knoten sich gegenseitig unnötig beschatten.
Die grünen Blätter einer Pflanze sind die eigentlichen Produktionsorgane. Sie fangen das zum Wachsen und Gedeihen unentbehrliche Sonnenlicht auf und müssen dazu immer “ins rechte Licht gerückt“ werden.
Nach diesem Grundsatz verfahren auch Pflanzen mit wechselständiger Blattstellung. Bei ihnen sind die Blätter rings um den Stengel angeordnet und nehmen nach oben hin allmählich an Größe ab, so daß sie sich nicht gegenseitig das Sonnenlicht streitig machen. Sie sind wie die Stufen einer Wendeltreppe untergebracht. Um eine Runde zu drehen, muß man je nach Art drei, fünf oder noch mehr Blätter überspringen.

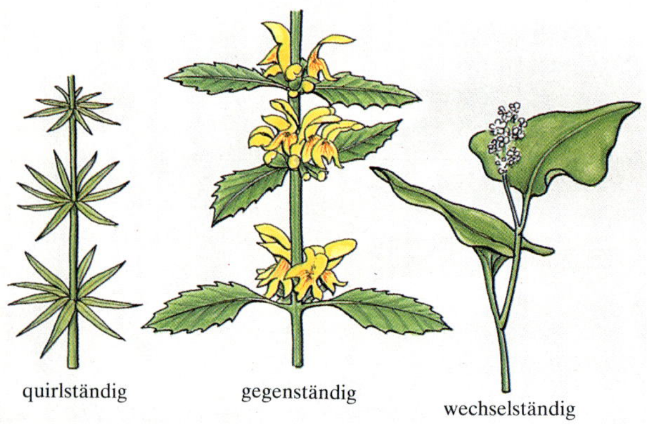

**Zur Zeichnung: Verschiedene Blattstellungen.
Blätter haben feste Positionen. Man unterscheidet quirlständige oder wirtelige, gegenständige und wechselständige Beblätterung.**

Kleine Blatt-Stilkunde

Laubblatt einer Lupine nach einem Regenfall.

Zum Bild: Die fingerförmig geteilten Blätter der Lupinen lassen wegen ihrer besonderen Oberflächenbeschaffenheit (kurze Haare) Tau oder Regenwasser rasch abperlen.

Formenvielfalt

Ein grünes Blatt ist meist ein mehr oder weniger großes, flächiges Gebilde, das aus einer Blattfläche (Blattspreite) und einem Blattstiel besteht. Bei manchen Arten ist aber auch gar kein Blattstiel ausgebildet, die Blätter sitzen dann direkt am Stengel an. Die Blattspreite wird von Blattnerven (Blattadern) durchzogen. Besitzen die Blätter eine einheitliche Blattspreite, werden sie einfache Blätter genannt. Besteht die Blattspreite aus mehreren einzelnen Teilen (siehe auch Zeichnung Seite 19 rechts, Mitte) so spricht man von zusammengesetzten Blättern.

<u>Einfache und zusammengesetzte Blätter</u>

Einfache Blätter (siehe auch Zeichnung Seite 19 rechts, Mitte) können je nach Art ganz verschiedene Umrisse haben. So zum Beispiel schmal-linealisch mit parallel verlaufenden Blattadern (→ Schneeglöckchen, Seite 101), nierenförmig (→ Haselwurz, Seite 62) oder länglich-oval und netzaderig (→ Nesselblättrige Glockenblume, Seite 112).

Zusammengesetzte Blätter (→ Zeichnung Seite 19 unten rechts) können zum Beispiel handförmig geteilt sein (→ Blauer Eisenhut, Seite 121), fingerförmig gelappt (→ Wald-Sanikel, Seite 97) oder gefiedert (→ Frühlings-Platterbse, Seite 75).

Darüber hinaus können die Ränder des Blattes noch ganz verschieden ausgebildet sein (→ Zeichnung Seite 19 rechts oben): gekerbt, gelappt, gezähnt, gesägt, gebuchtet, ganzrandig.

Blüte und Frucht zugleich – Wald-Erdbeeren.

Nicht alle Blätter sind gleich

Nicht genug damit, daß sich die Blätter von Pflanzenart zu Pflanzenart oft sehr stark unterscheiden – selbst an der gleichen Pflanze kann man von unten nach oben große Unterschiede der Blattformen erkennen.

Die grundständigen Blätter sind oft bleiche, schuppenartige Niederblätter. Ihnen folgen die eigentlichen Grundblätter, die meist besonders lange Stiele besitzen. Die Stengelblätter sind bereits deutlich vereinfacht, in der Fläche kleiner und gewöhnlich auch zunehmend kurzstieliger. Innerhalb des Blütenstandes sind sie oft völlig unscheinbar und zu einfachen Tragblättern einzelner Blüten oder Blütengruppen reduziert.

Zum Bild: Die Blätter der Wald-Erdbeere zeigen eine interessante Kombination von Blattform (gefiedert), Blattrand (gezähnt) und Oberflächenbeschaffenheit (behaart).

Besonders schön lassen sich solche vereinfachenden Abfolgen beim Gold-Hahnenfuß (→ Seite 134) oder bei den Lerchensporn-Arten (→ Seite 74) beobachten.

Bei der Rundblättrigen Glockenblume (→ Seite 113) und einigen anderen Waldblumen haben die rosettig wachsenden Grundblätter sogar eine völlig andere Gestalt als die Stengelblätter.

Grüne Vielfalt

<u>Blattaderung</u>
Zusammengesetzte oder geteilte Laubblätter kommen nur bei solchen Pflanzen(familien) vor, die man zur Klasse der Zweikeimblättrigen zusammenfaßt. Bei den Pflanzen dieses Verwandtschaftskreises sind die Blätter immer netz- oder fiedernervig. Besonders gut kann man die Aderung oder Nervatur der Blätter erkennen, wenn man sie im Gegenlicht betrachtet. Nahe beim Blattstiel sind die Adern sehr kräftig, verlieren sich dann aber durch fortgesetzte Verzweigung in immer kürzere und fadendünne Striche. Die Adern sind die Stoffleitungen der Blätter. Ihre Aufgabe entspricht unseren Blutgefäßen, nicht, wie man dem Namen nach schließen könnte, den Nerven.
Ganz anders die Blätter der einkeimblättrigen Pflanzen. Sie sind in den meisten Fällen streifen- oder parallelnervig, auch nicht gelappt, geteilt oder gefiedert und ähneln den Blättern von Gras.
Zwei bemerkenswerte Außenseiter kommen nun gerade in den heimischen Laubwäldern vor, die seltsame Einbeere (→ Seite 126), die als Liliengewächs streifennervige Blätter haben müßte, tatsächlich aber wunderschön netznervige Ovalblätter in einem Viererwirtel trägt, und der mindestens so merkwürdige Aronstab (→ Seite 76), bei dem die pfeilförmigen Blätter ebenfalls nicht recht in das übliche Bild passen.

Häufige Blattformen.

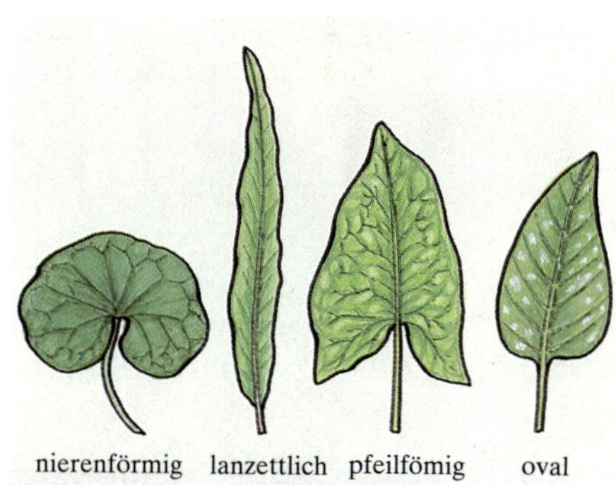

Einfache (ungeteilte) Blätter.

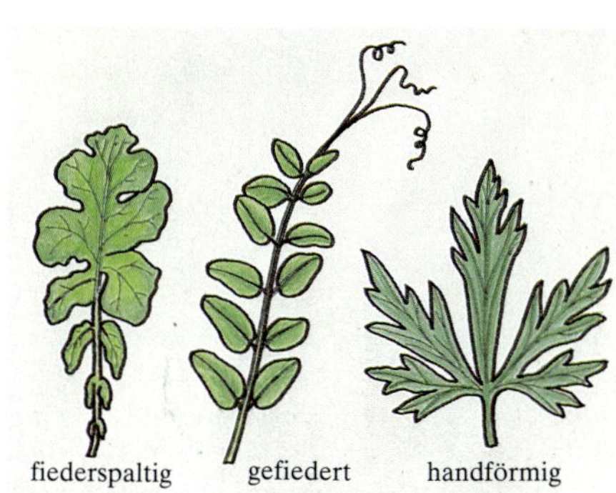

Zusammmengesetzte (geteilte) Blätter.

Zu den Zeichnungen: Pflanzen verwenden sehr unterschiedliche Blatt-Stile: Als Stilmerkmal ihrer Blattarchitektur sind die Blattrandform und die Blattgrundgestalt (einfach oder geteilt) besonders wichtig.

Bestäubungshelfer Insekten

Bei der Bestäubung wird Blütenstaub (Pollen) aus den Staubbeuteln (männlicher Blütenteil) auf die empfängnisfähigen Teile (Narben, weiblicher Blütenteil) möglichst einer anderen Blüte (Fremdbestäubung) übertragen. Die Bestäubung kann durch den Wind, durch Wasser oder durch Tiere – Insekten, Vögel oder Fledermäuse – geschehen.
Ohne Bestäubung kämen Samenansatz und Fruchtentwicklung nicht in Gang, und nur eifrige Besuche von Blüte zu Blüte garantieren eine zielgenaue Pollenübertragung.
Die bei uns wichtigsten Bestäubertiere sind die Insekten. Doch wie bringt man Biene, Hummel, Wollschweber oder Faltenwespe dazu, den Pollen von Blüte A nach Blüte B zu expedieren? Warum sind in der Kurierbranche zwischen den Waldblumen auch noch Schmetterlinge, Käfer und Fliegen, manchmal auch Schnecken unterwegs?

Nektar und Blütenstaub – Nahrung für Insekten

Die Insekten erledigen ihre “Frachtaufträge” allerdings nur ganz nebenbei. Sie haben an den Blüten ein ganz anderes Interesse: Die Tiere besuchen eine Blüte nur, weil es hier etwas zu holen gibt: Nektar und Blütenstaub.
Spezielle Honigdrüsen (Nektarien) produzieren Nektar, eine hochkonzentrierte Zuckerlösung, die den Blütenbesuchern meist tief unten an der Blütenbasis in Blütenspornen, der Kronröhre oder speziellen Behältern angeboten wird. Der Nektar ist dick- bis dünnflüssig und enthält je nach Pflanze mehr oder weniger Zucker. Die Himbeere erzeugt zum Beispiel pro Tag und Blüte bis zu 70 Milligramm Nektarlösung mit einem Zuckeranteil von 25 Milligramm.
Die Plazierung der Nektarvorräte hat natürlich ihren besonderen Grund: Wenn sich zum Beispiel eine Hummel bei der Nektarsuche so richtig in die Blüte vertieft und ihren Saugrüssel mit dem klebrigem Zuckersaft beschmiert, bleibt auch am Saugrüssel, nicht nur am pelzigen Körper, Blütenstaub hängen, wodurch sich wiederum die Bestäubungschance vergrößert. Viele Insekten, beispielsweise die Schmetterlinge,

Zum Bild: Eine Hummel versenkt sich zum Nektarsaugen in eine Taubnesselblüte. Dabei belädt sie sich ihren Rückenpelz mit Blütenstaub und streift gleichzeitig mitgebrachten Blütenstaub von einer anderen Taubnesselblüte ab.

Eine Schwebfliege besucht die Blüte des Großen Springkrauts.

können mit ihren spezialisierten Mundwerkzeugen nur die energiereiche Flüssignahrung Blütennektar aufnehmen und sind daher auf „saftige" Nektarblumen unbedingt angewiesen.
Blüten besitzen jedoch nicht nur Nektar. Seltsam genug: Manche Blüten bieten ihren Besucherinsekten als Futter genau das Frachtgut an, das eigentlich zum Versand zur nächsten Blüte gehen sollte, nämlich Pollen.
Wo Blütenstaub auf der Speisekarte steht, müssen die voraussichtlichen Verluste allerdings durch reiche Überproduktion ausgeglichen werden. Daraus erklärt sich, warum in manchen Blüten, wie zum Beispiel den Windröschen (→ Seite 93, 134), weitaus mehr Staubblätter vorhanden sind, als eigentlich nötig wären. Pollenblumen erkennt man also zuverlässig an ihrer großen Staubblattanzahl. Im produzierten Blütenstaub können die Besucherinsekten regelrecht ein Staubbad nehmen.

Zum Bild: An sich erwartet die Springkrautblüte Hummeln als Gäste. Schwebfliegen sind keine planmäßigen Bestäuber, sondern ganz schlicht auf Nektarklau.

Üppige Formen, lockende Düfte

Kein Gasthaus kommt ohne einladende Reklame aus. Aus diesem Grunde versuchen viele Blüten mit üppigen Formen und knalligen Farben Aufmerksamkeit zu erregen. Nektarschüsseln und Pollentüten fallen ja nicht besonders auf, eine geschickte Verpackung kann da sehr wirksam nachhelfen.
Um sich von der Umgebung optisch genügend stark abzuheben, sind kontrastreiche Farben und Formen gerade das rechte Mittel.
Betörende Düfte unterstützen den Werberummel der Blüten. Bei abend- oder nachtblühenden Arten, für die auffällige Farbsignale wenig nützlich wären, ist die

Duftproduktion als Fernwerbung besonders ausgeprägt.
Ein Farbklecks auf neutralem Untergrund oder eine auffällige Duftnote machen sicher neugierig und führen auch scharenweise Kundschaft herbei.
Wer durstig oder hungrig ein Gasthaus ansteuert, möchte allerdings nicht umständlich nach dem Eingang suchen müssen. Die Blüte weist dem Insekt daher auch gleich den Weg zur Nahrungsquelle: Strichmuster und Punktreihen, eine farbliche Kontrastbetonung zwischen innen und außen, die besondere Anordnung von Haaren oder bestimmten Blütenteilen sind Lenk- und Landehilfen für anfliegende Insekten.
Nachtblühende Blumen, zum Beispiel Nachtviole (→ Seite 59) oder Ährige Teufelskralle (→ Seite 95), sind besonders stark gegliedert, so daß die bei Dämmerung oder Dunkelheit eintreffenden Blütengäste die Lage der Dinge recht gut ertasten können.
Manche Sondersignale der Blüten können vom Menschen gar nicht wahrgenommen werden, da sie nur im ultravioletten Licht sichtbar werden. Beim Scharbockskraut (→ Seite 135) zum Beispiel erkennen wir nur eine farblich wenig abgehobene Blütenmitte. Dieser Teil allerdings verschluckt ultraviolette Strahlung komplett. UV-sichtige Insektenaugen sehen das Scharbockskraut daher als Blütenstern mit grellem Rand und schwarzem Zentrum.

Mit List und Tücke

Wenn eine Hummel in die Salbeiblüte kriecht oder Schwebfliegen und Käfer auf der Dolde der Wald-Engelwurz herumtanzen, reicht ihre Verweilzeit normalerweise völlig aus, um sie genügend mit Blütenstaub einzupudern und die Bestäubung beim folgenden Blütenbesuch zu garantieren. In einigen Fällen helfen die Blüten aber auch mit mancherlei Tricks nach, um die Besucherinsekten auch lang genug an sich zu binden.
Ein recht kompliziertes Verfahren praktiziert beispielsweise die Weiße Schwalbenwurz (→ Seite 91), sie fängt Insekten in eine Klemmfalle:
Im Blütenzentrum erkennt man fünf schmale Schlitze, in denen – ähnlich wie Stöckelschuhe in Pflasterfugen – Insektenbeine oder Saugrüssel unweigerlich hängenbleiben. Schwache Insekten kommen aus dieser Klemme nicht leicht wieder heraus, stärkere schaffen es mit einem kräftigen Ruck. Dabei allerdings reißen sie unvermeidbar gleich zwei Pollenpakete heraus, die sie beim Besuch der nächsten Blüte auf einer versenkten Narbe abladen, sobald sie erneut "in die Klemme geraten" sind.
An Mafiamethoden mit Kidnapping erinnert das Vorgehen des Aronstabes (→ Seite 76). Sein tütenartig gefaltetes, auf der Innenseite spiegelglattes Hochblatt bildet am unteren Ende einen Kessel, dessen Ausgang durch Reusenhaare verschlossen ist. Der für uns leicht unangenehme Duft des purpurroten Kolbens lockt Schmetterlingsfliegen herbei. Am glatten Kolben finden sie jedoch keinen sicheren Halt, sondern taumeln geradewegs in den Kessel hinunter. Hier bleiben sie, bis sich die an der Basis des Kolbens sitzenden männlichen Blüten geöffnet und die Besucher völlig eingestäubt haben. Gleichzeitig verwelkt die absperrende Reuse und gibt den Weg nach draußen wieder frei. Die Schmetterlingsfliegen entkommen, um gleich nebenan auf die duftenden Verlockungen eines anderen Kessels erneut buchstäblich hereinzufallen, wobei sie den mitgebrachten Pollen auf den empfangsbereiten Narben der weiblichen Blüten abstreifen.

Zum Bild: Geöffnete Kesselfalle des Aronstabs mit bereits eingepuderten Schmetterlingsfliegen. Da die Staubbeutel noch nicht geöffnet sind, ist es wohl mitgebrachter Pollen. ▶

Samenverbreitung

Zweimal im Jahr ist jede Pflanze auf die Mithilfe besonderer Speditionsunternehmen angewiesen:
Wenn zur Blütezeit die Pollen zwischen arteigenen Blüten ausgetauscht werden müssen, übernimmt entweder der Wind den Ferntransport, oder es finden sich – gegen besonderes Entgelt in Form von Nahrung – auch fliegende Kleintiere wie Insekten bereit, die Pollenzustellung zu anderen Blüten auszuführen. Entsprechend unterscheidet man windblütige und tierblütige Pflanzen.
Sobald die Pflanze Samen und Früchte ausgebildet hat, besteht schon wieder die Notwendigkeit, in die Ferne zu schweifen. Früchte und Samen müssen besonders weiträumig verbreitet werden, um für die betreffende Art neue Wuchs- und Lebensräume zu sichern.
Die Verbreitungsmittel sind im wesentlichen die gleichen wie bei der Bestäubung: Wind und verschiedene Tiere teilen sich das Geschäft. Manchmal spielt auch das Wasser eine Rolle bei der Samenverbreitung.
Die Wahl der Verbreitung ist ganz verschieden. So vergeben Pflanzen, die ihren Blütenpollen im Frühsommer mit Bienen, Hummeln oder anderen Insekten verschickt haben, im Frühherbst den Versand ihrer Samen oder Früchte an den Wind. Pflanzen, die vom Wind bestäubt wurden, sind bei der Verbreitung ihrer Samen und Früchte auf einmal auf Tiere angewiesen.

Vom Winde verweht

Windverbreitung setzt bei den Samen und Früchten eine ganze Reihe interessanter Spezialanpassungen an die künftige Luftroute voraus. Bei Waldbäumen ist beispielsweise das Schraubenfliegerverfahren (Linde, Esche, Ahorn) bestens erprobt. Bei den Waldbodenblumen kommt diese Technik aus verständlichen Gründen jedoch nicht zum Einsatz: Die Startplätze für die Flügel- und Propellerfrüchte liegen einfach zu nahe am Boden, so daß keine nennenswerten Reichweiten zustandekämen.
Viel erfolgversprechender sind da schon die Fallschirmsegler, beispielsweise beim Schmalblättrigen Weidenröschen (→ Seite 60). Auch wenn die Fruchtstände dieser Pflanze nur wenig mehr als einen Meter hoch über den Boden aufragen, sind ihre Flieger und Segler doch so leicht, daß schon kleine Windwirbel sie hoch in den Luftraum entführen und über weite Strecken davontragen. Tausende Schirmchen setzt jede Pflanze im Spätsommer frei. Nicht umsonst ist das Weidenröschen als eine der ersten Pflanzen zur Stelle, wenn es gilt, eine Schlagflur oder einen neuen Saum fast flächendeckend zu erobern. Ähnlich verfahren auch Fuchs-Kreuzkraut (→ Seite 137) oder Wasserhanf (→ Seite 68).
Die Samen des Roten Fingerhuts (→ Seite 73) und der heimischen Orchideen sind sogar so leicht, daß sie auch ohne spezielle Segeleinrichtungen auf Langstreckenkurs gehen können.

Mit Haken und Ösen

Mindestens so zuverlässig wie die "Luftpost" funktionieren die Vertriebswege mit Beteiligung von Tieren. Waren im Frühjahr oder Sommer im wesentlichen die Insekten mit den Pollenfrachten der

Zum Bild: Die Fruchtkapseln des Weidenröschens reißen ihre Klappen auf und setzen Hunderte winziger Samen an „Fallschirmen" an die Luft. Diese superleichtgewichtigen Langstreckensegler können sehr weit fliegen. ▶

Süße Zuneigung: Eine Ameise leckt die Zuckerausscheidungen der Blattläuse auf.

Blüten unterwegs, ist jetzt zur Reifezeit vor allem die Mithilfe größerer Tiere, meist Vögel oder Säugetiere, gefragt.
Äußerst zuverlässig funktioniert beispielsweise der Trick mit dem Enterhaken, wie die lästige Anhänglichkeit einer Klette beweist. Die Echte Nelkenwurz (→ Seite 130) verwendet die eingekrümmten und sehr starr gewordenen Griffelspitzen als Enterhaken. Beim Kletten-Labkraut (→ Seite 84) sind die Kugelfrüchte auf der gesamten Oberfläche mit widerhakigen Borstenhaaren besetzt. Ähnlich verfahren auch Wald-Storchschnabel (→ Seite 63) oder Hexenkraut (→ Seite 104).
Passenderweise sind derartige Verbreitungshilfen nur bei solchen Pflanzen entwickelt, in deren Wuchshöhe auch wirklich fell- oder kleidertragende Wirbeltiere umherstreifen. Vögel kommen für diesen Transportweg weniger in Frage – Ausnahmen bestätigen aber auch hier die Regel..

Zum Bild: Auch Ameisen tragen zur Samenverbreitung bei, wenn sie auch lieber den „Honig" der Blattläuse lecken.

Kleine und große Appetithäppchen

Etliche Waldblumen entwickeln aus ihren Fruchtknoten saftige Beeren in einladenden Farben. Manche Beeren, wie die des Maiglöckchens (→ Seite 102) oder des Aronstabs (→ Seite 76) sind so grellfarbig, daß man sie auch ohne ausdrückliche Giftwarnung lieber den Waldtieren überläßt, für die sie ungefährlich sind.
Selbst wenn in einigen Fällen die Beerenfrüchte eher tarnfarben blauschwarz aussehen, wie bei den Weißwurz-Arten (→ Seite 98, 99), bleiben sie doch nicht lange unentdeckt. Gerade für Vogelaugen erscheint der wachsige Belag der Beerenhaut ungewöhnlich kontrastbildend. Für eine Drossel zum Beispiel ist der ver-

meintlich so unscheinbare Fruchtbehang völlig unwiderstehlich.
In jedem Fall nimmt die Verbreitung den gleichen Weg: Die leckeren Früchte werden verzehrt, aber die harten Samen überstehen die Magen-Darm-Passage und werden irgendwo wieder abgesetzt.
An der Verbreitung der Samen beteiligen sich auch Ameisen. Die Samen vieler Pflanzen, zum Beispiel der Lerchensporn-Arten (→ Seite 74) tragen ein kleines ölreiches Anhängsel. Wegen dieses Leckerbissens sammeln die Ameisen die Samen, beißen das Anhängsel ab, lassen den Rest anschließend irgendwo liegen und tragen so zur Verbreitung des Lerchensporns bei.

Raffinierte Samenschleudern

Das Große Springkraut (→ Seite 141) entwickelt Kapselfrüchte, die zur Reifezeit saftig bleiben und in ihren Wänden durch ungleiches Wachstum enorme Spannungen aufbauen. Die leiseste Berührung läßt die Kapsel an den Verwachsungsnähten aufreißen. Wie eine zurückschnellende Uhrfeder rollen sich die Klappen vom Stiel zur Spitze auf und schleudern dabei die Samen meterweit von sich.
Nicht ganz so dramatisch handhabt auch das Spring-Schaumkraut (→ Seite 83) seine Samenausschleuderung.
Beim Wald-Veilchen (→ Seite 118 und Foto unten) helfen Regentropfen nach: Wenn sie auf die weit ausgebreiteten Kapselklappen treffen, federn diese wie ein Sprungbrett und katapultieren die anheftenden Samen davon.

Konsumbeschränkung

Die Verbreitungsbiologie der Samen und Früchte läßt mindestens ebenso erstaunen wie das trickreiche Vorgehen der Blüten, die mit mancherlei Sonderanpassungen den Bestäubungserfolg sichern.
Wenn die Pflanzen üppig aufgemachte Früchte als Lockspeise anbieten, sind zumindest die Samen als wichtigster Bestandteil weitgehend unverdaulich.
Manchmal scheint den Pflanzen aber auch daran zu liegen, daß sich nur ganz bestimmte Tiere über sie hermachen und andere ausgeschlossen bleiben. Sie erreichen dies mit bestimmten Inhaltsstoffen, die einigen Tieren zusagen, für andere jedoch ziemlich abscheulich schmecken oder sogar giftig sind.
So kommt jeder auf seine Kosten. Nur wenige Arten verzehren wirklich alles, die meisten sind eher wählerisch.

Zum Bild: Samen auf dem Sprung. Weit biegen sich die Klappen der geöffneten Veilchen-Fruchkapseln zurück. Werden sie von Regentropfen getroffen, federn sie zurück und schleudern die Samen weit weg. Ameisen schätzen die schmackhaften Anhängsel dieser Samen sehr und verschleppen sie noch weiter.

Leben mit Licht- und Schattenseiten

Lange bevor sich in Feld und Flur die ersten Blüten regen, bedeckt sich der Boden im Laubwald mit einem kunterbunten Blumenteppich. Scharbockskraut und Windröschen machen den Anfang, gefolgt von Lungenkraut, Lerchensporn, Leberblümchen oder Moschuskraut. Auch Goldstern oder Bär-Lauch gesellen sich dazu. Wenige Wochen später ist das ekstatische Blühen vorbei. Nur vereinzelt finden sich am Waldboden noch ein paar Wald-Primeln oder Weißwurz-Arten.

Frühblüher

Die Frühblüher haben sich mit den Monaten März und April einen Blühtermin ausgesucht, zu dem sich die Baumkronen noch nicht belaubt haben und deshalb besonders viel Licht zum Boden fluten kann. Wenn das Kronendach erst den Vorhang schließt, wird es am Boden für die meisten Arten zu dunkel.

Zum auffälligen Frühstart sind diese Pflanzen vor allem deswegen befähigt, weil sie besondere Reserveorgane im Waldboden haben – entweder Zwiebeln, Wurzelknollen oder verdickte Erdsprosse. Die hier eingespeicherten Stoffreserven ermöglichen ihnen ein frühzeitiges Wachstum, wenn die Bedingungen für andere Pflanzen noch sehr ungünstig sind..

Lichtantenne Blattgrün

Trotz ungünstiger Lichtverhältnisse im Tiefschatten der Bodenregion wachsen und gedeihen aber auch während des Sommers am Waldboden einige Pflanzen, zum Beispiel die Haselwurz (→ Seite 62), die Wald-Sanikel (→ Seite 97), das Rundblättrige Wintergrün (→ Seite 89) oder die Wald-Witwenblume (→ Seite 70).

Beim genaueren Vergleich zeigen alle diese Arten ein Merkmal: Sie tragen tief dunkelgrüne, manchmal sogar richtig schwarzgrün aussehende Blätter. Offensichtlich enthalten ihre Blattorgane also viel mehr Blattgrün (Chlorophyll) als die Blätter von Pflanzen an lichtdurchfluteten Standorten.

Den Blättern fällt die wichtige Aufgabe zu, als Flächenantennen Lichtwellen einzufangen, damit deren Energie die Stoffproduktion in den Blattgeweben antreiben kann. Wenn wenig Licht vorhanden ist, muß daher mit mehr Farbstoffgehalt die Antennenleistung verbessert werden. Die tiefgrüne Färbung ist also eine Anpassungsleistung an das Schattendasein am Waldboden.

Schieberei im Untergrund

Bei den Waldblumen gibt es aber auch noch andere Anpassungmöglichkeiten, um mit dem Schattendasein am Waldboden auskommen zu können.

Am Waldboden wachsen einige völlig bleichgesichtige Blütenpflanzen wie Fichtenspargel (→ Seite 130), Schuppenwurz (→ Seite 72) oder die zu den Orchideen gehörende Vogel-Nestwurz. Diese Pflanzen besitzen kein Chlorophyll, können folglich auch nicht selbständig mit Hilfe von Lichtenergie Stoffe aufbauen. Daher sind sie bei ihrer Ernährung unbedingt auf Fremdhilfe angewiesen.

Der wachsgelbe Fichtenspargel entzieht seine Nahrung ganz dem Waldboden. Dies geschieht mit Hilfe von Pilzfäden, die seine korallenartig verzweigten Wurzeln eng umgeben und den Waldbo-

Farblose Gestalten

Schmarotzerpflanzen: Fichtenspargel

... und Schuppenwurz.

Zu den Bildern: Pflanzen ohne Blattgrün müssen sich die notwendigen Nährstoffe zum Wachstum auf andere Weise besorgen: Sie schmarotzen bei anderen Pflanzen.

den weit durchwuchern. Die Pilzfäden entnehmen dem Waldboden Wasser und darin enthaltene Nährsalze und haben die bemerkenswerte Fähigkeit, organische Totstoffe der Laubstreu und des Humus zu verwerten. Der Fichtenspargel erhält nun beträchtliche Nährstoffmengen aus dem Pilzstoffwechsel ohne nennenswerte Gegenleistung – er verhält sich also wie ein Schmarotzer.

Die Schuppenwurz lebt, abgesehen von ihren blühenden Trieben, die Ende April oder Anfang Mai erscheinen, das restliche Jahr unterirdisch auf den Wurzeln bestimmter Laubbäume und Sträucher, wie Erle, Buche oder Haselnuß. Mit Hilfe ihrer Saugwurzeln entzieht sie den Pflanzenwurzeln Nahrung. Sie ist also ein Wurzelschmarotzer.

Die Bodenpilze unterhalten mit den Wurzeln der Waldbäume eine gut funktionierende Betriebsgemeinschaft (die sogenannte Mykorrhiza) und tauschen mit ihnen allerhand Stoffe aus: Sie reichen Mineralsalze und Wasser aus dem Boden an die Baumwurzeln weiter und erhalten dafür beispielsweise Kohlenhydrate und Aminosäuren, die aus der Produktion der grünen Baumblätter stammen. Letztlich ernähren die Waldbäume auf dem Umweg über die Wurzelpilze also auch die auf ihnen parasitierenden Blütenpflanzen.

Einige Waldblumen, wie zum Beispiel der Wald-Wachtelweizen (→ Seite 142), tragen normale grüne Blätter, zapfen im Wurzelraum aber dennoch ihre Nachbarn an. Man bezeichnet sie als Halbschmarotzer.

Waldbäume und Waldlichtungen sind besonders im Spätsommer eine sehr versponnene Welt.

Waldblumen in ihrem Lebensraum

Wälder sind das Ergebnis einer jahrtausendelangen Entwicklung – keine bloßen Ansammlungen von Bäumen, sondern äußerst vielgliedrige Lebensgemeinschaften. Grüntöne bestimmen darin ganz eindeutig das Bild. Hier und da setzt das kräftige Rot von Fingerhut und Weidenröschen einen klaren Kontrast, bereichern auch das zarte Weiß von Waldmeister und Windröschen, das leuchtende Blau von Ehrenpreis und Glockenblume oder das knallige Gelb von Goldnessel und Gilbweiderich die grüne Palette. So vielfältig die Waldblumen sind, so unterschiedlich sind auch die verschiedenen Waldlebensgemeinschaften. Welche Waldtypen gibt es überhaupt? Woran kann man sie erkennen? Und welche Waldblumen kommen hier jeweils vor?

Laubwälder

Vom Tiefland bis zu den Hochgebirgen wachsen die unterschiedlichsten Waldtypen. Von Natur aus beherrschen in der Ebene und in den unteren Gebirgslagen Laub- und Laubmischwälder die Szene. Im Gebirge werden sie weithin von Nadelwäldern abgelöst.
Ebenso wie sich das Bild der Wälder von den Niederungen bis zum Bergland verändert, fallen auch die Waldblumen je nach Waldtyp ganz verschieden aus. Zunächst einmal ist zwischen der Flora der Laub- und Nadelwälder zu trennen. Die blütenreichen Waldbodenteppiche in den Laubwäldern der Flachland- und Hügelregion darf man im dichten Nadelwald der Bergstufe sicher nicht erwarten. Welche und wie viele Waldblumen vorkommen, hängt auch sehr von der Gesamtstruktur des betreffenden Waldes ab. Offene und sonnige Waldsäume, die Ränder der Waldwege und erst recht die Lichtungen oder Schläge sind natürlich viel blütenreicher als geschlossene und weithin schattige Bestände. Nur Licht schafft Fülle und lebhafte Farben. Trotzdem kommen auch an sehr schattigen Stellen eines Waldes recht interessante Waldblumenarten vor.

Etwas aus der Waldgeschichte

Wenn man einen Laubwald erlebt, in dem die Bäume über 40 Meter hoch und mehr als einen Meter dick werden, könnte man meinen, solche Wälder hätte es in Mitteleuropa schon immer gegeben. Tatsächlich stellen sie jedoch das jüngste Stadium der nacheiszeitlichen Waldentwicklung dar. Vor etwas mehr als zehntausend Jahren ging bei uns die vorerst letzte Eiszeit zu Ende. Wo nicht zuvor mächtige Gletscherzungen das Land überdeckten, wie im norddeutschen Tiefland oder im Alpenvorland, wuchs flächendeckend eine niedrige Zwergstrauchtundra wie im heutigen arktischen Europa. Erst nachdem sich mit der Wiedererwärmung die Klimagürtel deutlich nach Norden verschoben, kam Schritt für Schritt die Bewaldung in Gang. Zunächst waren es parkartig lichte Bestände aus bestimmten Sträuchern und Bäumen, später zunehmend geschlossene Baumbestände..
Mit den Baumarten fanden sich zunehmend auch die verschiedensten Waldblumen ein, denn sie bilden ja zusammen mit den Gehölzen feste Pflanzengemeinschaften. Die Rot-Buche wanderte als letzte der waldbildenden Baumarten mit ihren typischen Begleitarten aus Südwest- und Westeuropa zurück. Als wichtigste mitteleuropäische Waldbaumart ist sie erst seit knapp zwei Jahrtausenden bei uns heimisch.

Buchenwälder

Fast wie im Bilderbuch sehen die Wälder aus, in denen die Rot-Buche *(Fagus sylvatica)* die wichtigste Baumart stellt. Im Mai fällt dieser Wald durch sein besonders helles und zartes Grün auf, durch das ganz weich und verheißungsvoll das Licht auf den Boden flutet. Sobald sich die Buchenblätter, die etwas zerknittert aus der Knospenhülle kommen, ganz entfaltet und auf volle Flächengröße gestreckt haben, schließt sich das Laubdach. Jetzt hört man im Buchenwald alles viel deutlicher als vorher. Die Laubstreu auf dem Boden ra-

Zum Bild: Buchenkeimling. Die beiden Keimblätter, die sich aus der Buchecker zwängen, sehen völlig anders aus als die späteren Buchenblätter an den Zweigen. Ehe sie selbst zum Produktionsorgan werden, versorgen sie den Keimling mit ihrer Stoffreserve. ▶

schelt vernehmlicher und die Zweige knacken heftiger unter den Füßen, und auch die Vögel singen viel eindrucksvoller, weil das grüne Dach alles mit Echo zurückwirft – wie eine riesige Konzertmuschel.
Zum Frühsommer wird es am Waldboden dunkler, weil die Blätter ihre Farbe verdichten und nur noch tiefe Grünschatten nach unten durchdringen lassen. Im Hochsommer kann man spüren, daß es besonders in Bodennähe feucht und kühl bleibt, weil sich gerade der Buchenwald ein ganz spezielles Binnenklima schafft.
Im Herbst wird der Wald noch einmal besonders farbig, wenn sich das Laub goldgelb verfärbt, ehe es ein paar Wochen später einfarbig braun und rascheltrocken am Boden liegt.

Vielfalt mit Übergängen
Buchenwälder sind von der Niederungslandschaft bis ins mittlere Bergland (etwa 500 m) verbreitet und immer dann eine dominierende Waldgesellschaft, wenn der Standort weder zu naß noch zu trocken ist. Besonders weitflächig kommen sie in den Mittelgebirgen vor. Je nach Verbreitungsgebiet, Bodenbeschaffenheit und Höhenlage lassen sich verschiedene Buchenwaldgesellschaften unterscheiden, die man nach den wichtigsten darin vorkommenden Waldblumen benennt. Selbstverständlich lassen sich zu den benachbarten Waldgesellschaften alle Übergänge beobachten, so daß das Bild in der Natur immer wesentlich bunter ausfällt als in irgendeiner Übersichtstabelle.
Typisch für relativ nährstoffarme, leicht saure Verwitterungsböden des Berg- und Hügellandes ist der sehr häufige Hainsimsen-Rotbuchenwald, in dem als kennzeichnende Waldblumen Wiesen-Wachtelweizen (→ Seite 142), Wald-Ehrenpreis (→ Seite 108), Schattenblume (→ Seite 103), Wald-Sauerklee (→ Seite 87) oder Heidelbeere (→ Seite 66) vorkommen.
Auf Böden mit mittlerer bis guter Nährstoffversorgung vom Tiefland bis zum höheren Bergland wächst der Waldmeister- oder Perlgras-Rotbuchenwald.
Charakteristische Waldblumen dieser Pflanzengemeinschaft sind das Busch-Windröschen (→ Seite 93), Goldnessel (→ Seite 139), Wald-Veilchen (→ Seite 118), Vielblütige Weißwurz (→ Seite 99), Wald-Bingelkraut (→ Seite 128), Lungenkraut (→ Seite 65), im Bergland zusätzlich Quirlblättrige Weißwurz (→ Seite 98) und Hasenlattich (→ Seite 67).
Auf Kalkverwitterungsböden in Süddeutschland, in Österreich und der Schweiz ist vor allem mit dem sehr artenreichen Orchideen-Kalkbuchenwald zu rechnen, in dem unter anderem vorkommen Frühlings-Platterbse (→ Seite 75), Leberblümchen (→ Seite 114), Türkenbund-Lilie (→ Seite 71), Haselwurz (→ Seite 62), Pfirsichblättrige Glockenblume (→ Seite 112), Bleiches Waldvöglein (→ Seite 84) und Rotes Waldvöglein (→ Seite 79).

Buchenwälder – kurz vorgestellt
Verbreitung: Vom Tiefland bis ins Bergland in Gebieten mit regelmäßigen Niederschlägen und ohne Spätfröste.
Bodentyp: Von nährstoffarm und mäßig sauer (Silikatböden) bis nährstoffreich und basenhaltig (Kalkgestein); bei mächtigerer Humusauflage deutlich höherer Artenreichtum.
Schönster Blühaspekt: Besonders im Vorfrühling zur Hauptblütezeit der Waldbodenpflanzen. Saumbereiche auch bis zum Hochsommer sehr blumig und interessant.
Naturschutz: Einzelne Waldvorkommen sind wegen ihres großen Artenreichtums rechtskräftige Naturschutzgebiete.

Buchenwald im Frühjahr, den Boden bedecken Busch-Windröschen und Lerchensporn.

Zum Bild: Nur solange es licht genug ist, erlebt der Waldboden heftige Blühwellen.

Lebenswichtiges Licht

Besonders buntblumig ist der Buchenwald im Frühjahr gerade vor und während des Laubaustriebs, wenn noch ausreichend Sonnenlicht auf den Waldboden fällt. Jetzt überzieht sich der Waldboden mit einem üppigen Blütenteppich. Busch-Windröschen (→ Seite 93) erheben ihre zarten weißen Blüten aus dem braunen Laub am Waldboden. In den Kalkgebieten leuchtet der Waldboden im Blau der nahe verwandten Leberblümchen (→ Seite 114). Wenig später folgen Echtes Lungenkraut (→ Seite 65) und Frühlings-Platterbse (→ Seite 75), die im Laufe des Aufblühens von Rot nach Blau umfärben, so als ob sie sich nicht für eine Blütenfarbe entscheiden könnten.

Windröschen, Moschuskraut und Lerchensporn stellen unter den Pflanzen des Waldes die größten Anforderungen an das Licht. Sie müssen die kurze Zeit vor der vollen Entfaltung des Baumlaubes zum Grünen und Blühen nutzen.

Unter voll entfaltetem, jedoch noch zartgrünem Laub erblühen Sauerklee, Maiglöckchen, Siebenstern, Schattenblume und Einbeere. Sie sind mit weitaus weniger Licht zufrieden. Ihre dünnen und großflächigen Blätter fangen auch jetzt noch genügend Licht zum Wachstum auf.

Auf Eichen angewiesen: Männchen des Hirschkäfers.

Eichenwälder

Im Eichenwald findet man urige Baumgestalten, die so knorrig verwachsen und verschroben sind, daß sie mit ihrer Borke, ihren Astknoten oder knolligen Auswüchsen ständig Grimassen schneiden. Gerade in Eichenwäldern kommen uralte Bäume vor, weil die beiden wichtigsten heimischen Arten, die Stiel-Eiche *(Quercus robur)* und die Trauben-Eiche *(Quercus petraea)*, erwiesenermaßen tausend und mehr Jahre alt werden und damit die meisten ihrer begleitenden Baumarten sogar um Jahrhunderte überleben.

Die alte Wirtschaft wirkt noch nach

Wenn in den heutigen Wirtschaftwäldern hier und da besonders wuchtige und imposante Eichen mit meterdicken Stämmen und üppig ausladender Krone stehen, ist oft die Waldnutzungsgeschichte vergangener Jahrhunderte im Spiel, die man sich heute gar nicht mehr so recht vorstellen kann. Früher trieb man beispielsweise regelmäßig die Haustiere in den Laubwald, um sie dort weiden zu lassen (Hutungs- oder Hudewälder) und sammelte regelmäßig die zu Boden gefallene Streu.

Waldweide und Streunutzung führte jedoch nach Jahrzehnten oder Jahrhunderten zur Zerstörung des Waldes – er lichtete sich allmählich zu parkartig offenen Beständen, zwischen denen sich artenreiche Gras- oder Krautfluren entwickelten. Die verbleibenden, schon verhältnismäßig großen Bäume konnten sich im neu gewonnenen Freistand nun erst recht zu besonders großkronigen und imposanten

Zum Bild: Mehrere Jahre dauert es, bis die im Holzmulm lebende Hirschkäferlarve sich zum stattlichen Käfer entwickelt. Der Käfer lebt vom Saftfluß verletzter Bäume. In aufgeräumten Forsten hat er keine Chancen.

Gestalten entwickeln, weil ihnen ja ringsum die beengende Konkurrenz weitgehend genommen wurde. Das war auch durchaus erwünscht, denn so setzten die Eichen mehr Früchte an, die man für die Eichelmast der Schweine benötigte. Nachdem die Waldweide längst nicht mehr üblich und auch verboten ist, erwuchs ihnen natürlich ringsum wieder eine vielstämmige Nachbarschaft, so daß die ehrwürdigen Überlebenden der früheren Hutungswälder heute inmitten jüngerer Bestände stehen.

Eichen - selten für sich allein

Die natürlichen mitteleuropäischen Eichenvorkommen sind in den seltensten Fällen Reinbestände, sondern überwiegend Eichenmischwälder. Solche Mischwälder mit einem hohen Anteil von Linden und Ulmen waren während der nacheiszeitlichen Wiederbewaldung von Mitteleuropa mehr als fünf Jahrtausende der erste flächendeckende Laubwald, ehe im Ablauf der weiteren Klimaentwicklung allmählich die Rot-Buche die meisten waldfähigen Standorte für sich eroberte. Eichenmischwälder wachsen bevorzugt an solchen Standorten, an denen sie der sonst so beherrschenden Rot-Buche an Konkurrenzkraft deutlich überlegen sind, zum Beispiel auf grundwassernahen, schlecht belüfteten Böden, aber auch an verhältnismäßig trockenen Stellen mit nur mäßiger Niederschlagsversorgung. Oft sind diese Wälder ziemlich licht, zumal bei forstlicher Bewirtschaftung. Daher finden sich hier meist auch recht üppige und artenreiche Krautfluren, die bis in den Frühsommer hinein großartige Blühwellen vorführen.

Die europäischen Eichen-Hainbuchenwälder sind ausgesprochen typenreich. In Mittelfrankreich enthalten diese Wälder eine völlig andere blumige Begleitflora als in der Tschechoslowakei, in Österreich oder Ungarn. Im engeren mitteleuropäischen Raum läßt sich eine Unterscheidung in die beiden folgenden Waldgesellschaften vornehmen, die allerdings durch Übergänge miteinander verbunden sind:

Im Hügelland Mittel- und Süddeutschlands bis ins Alpenvorland ist der Labkraut-Eichen-Hainbuchenwald recht häufig. Er ist etwas wärmeliebend und enthält sehr viel Trauben-Eichen und Winter-Linden. Typische Waldblumen sind neben dem namengebenden Wald-Labkraut (→ Seite 84) die Berg-Platterbse (→ Seite 75), Maiglöckchen (→

Zum Bild: Keimende Eicheln. Noch im gleichen Herbst, nachdem sie reif vom Baum gefallen sind, keimen die Eicheln aus. Sie entwickeln aber meist nur eine kleine Senkwurzel und legen dann bis zum Frühjahr eine Entwicklungspause ein.

Eichenwälder – kurz vorgestellt
Verbreitung: Vom Tiefland bis in mittlere Gebirgshöhen (um 500 m) überall in Europa in mehreren Typen weit verbreitet und häufig.
Bodentyp: Nimmt besonders solche Standorte ein, auf denen Buchenwälder nicht konkurrenzfähig sind, beispielsweise nährstoffärmere, zur Staunässe neigende, aber auch relativ trockene und flachgründige Böden.
Schönster Blühaspekt: Im Vorfrühling und Frühling, interessante Einzelarten aber auch im Früh- und Hochsommer.
Naturschutz: Besonders schützenswert sind die für Mitteleuropa recht seltenen wärmeliebenden Eichentrocken- oder Flaumeichenwälder (teils Naturschutzgebiet).

Seite 102), sowie Waldgräser wie Verschiedenblättriger Schwingel oder Grasverwandte wie Finger-Segge und Berg-Segge.
In den Tallagen Süddeutschlands und im Tiefland Norddeutschlands ist auf verhältnismäßig nährstoffarmen Böden der Sternmieren-Eichen-Hainbuchenwald vertreten. Kennzeichnende Waldblumen dieser Waldtyps sind neben der Großen Sternmiere (→ Seite 86) Wiesen-Wachtelweizen (→ Seite 142), Gundermann (→ Seite 123), Kriechender Günsel (→ Seite 122), Wald-Schlüsselblume (→ Seite 133), Rauhhaariges Veilchen (→ Seite 119) und Erdbeer-Fingerkraut (→ Seite 88).
Auf sonnenseitigen, ziemlich flachgründigen Kalkstandorten in Süddeutschland, Österreich, Schweiz und Oberitalien wird der typische Eichen-Hainbuchenwald durch den wärmeliebenden Flaumeichenwald ersetzt, in dem vor allem die interessante Flaum-Eiche *(Quercus pubescens)* und eine Vielzahl sehr bunter Waldblumen aus Süd- und Südosteuropa auftreten.

Frühblüher Lerchensporn
Der Lerchensporn gehört zu den Pflanzen des Waldes, die relativ viel Licht benötigen. Schon ab Ende März verwandelt der Hohle Lerchensporn (→ Seite 74) den Waldboden in einen weißpupurfarbenen Flickenteppich. Eigenartigerweise tritt der Lerchensporn, der Hohle ebenso wie der Gefingerte, in zwei verschiedenen Blütenfarben auf:

Zum Bild: Die fremdartig anmutende Blüte des Lerchensporns, in deren rückwärtigem Kronblattsporn eine Nektardrüse liegt, können nur besonders kräftige Insekten wie Hummeln oder Bienen öffnen.

Blütenteppich aus weißem und purpurfarbenem Lerchensporn.

Zum Bild: Lerchensporn blüht schon früh im Jahr, wenn das Laubdach noch nicht voll ausgebildet ist.

Neben purpurfarbenen Exemplaren gibt es ungefähr gleich häufig auch reinweiße Blütenstände.
Die Lerchenspornblüte ist höchst eigenartig aufgebaut: Das oberste Kronblatt bildet den langen, nach rückwärts gerichteten Sporn, den man mit dem Federschopf der Haubenlerche verglich und zum namengebenden Merkmal erhob. Vorne ist die Blüte so fest geschlossen, daß nur kräftige Hummeln oder Bienen sie aufdrücken können, um an die süßen Nektarvorräte zu kommen. Für Schmetterlinge zum Beispiel bleiben sie verschlossen. Beim gewaltsamen Aufstemmen reiben sich die Blütenbesucher automatisch den abholbereiten Pollen in den Pelz und streifen ihn dann bei der nächsten Blütenöffnung an der weit vorne liegenden Narbe wieder ab.

Schluchtwälder

Tiefschattige Abgründe und unwegsame Steilabbrüche über gähnender Tiefe, kaltfeuchte und lichtlose Talhänge – so ungefähr stellt man sich wohl Waldbereiche vor, die für die Wolfsschlucht in der Oper "Freischütz" hätten Modell stehen können. Vor allem in den Bergwäldern der Mittel- und Hochgebirgslandschaft gibt es immer wieder tiefe, enge Talkerben oder Schluchten, die das fließende Wasser in jahrtausendelanger Schleifarbeit in den Untergrund geschnitten hat. Mitten im Verbreitungsgebiet von Buchen- oder Eichenwäldern gibt es daher immer wieder Gebiete, in denen sich die üblichen Laubwälder wegen der besonderen Standortbedingungen aus Konkurrenzgründen nicht entwickeln können.
Sehr schattige und meist auch ziemlich feuchte Waldinseln, die in vielen stand-

örtlichen Bedingungen aus dem üblichen Rahmen fallen, tragen daher einen sogenannten Schluchtwald, in dem vor allem die Gemeine Esche *(Fraxinus excelsior)* und der Berg-Ahorn *(Acer pseudoplatanus)* als Leitarten vorkommen. Unter günstigeren Wuchsbedingungen gehören diese beiden Baumarten zu den größten und eindrucksvollsten der heimischen Gehölzflora. Im Schluchtwald entwickeln auch sie sich nicht zu voller Größe und Schönheit, aber immerhin deutlich üppiger als die meisten anderen Bäume.

Im Reich der Schattenspezialisten

Während nur wenige Baum- und Straucharten die Kulisse eines Schluchtwaldes aufbauen, ist sein krautiger Unterwuchs im allgemeinen ziemlich artenreich. Hier finden sich etliche Halbschatten- und Schattenpflanzen zusammen, die mit erstaunlich wenig Licht auskommen und ihre Blütezeit daher auch nicht unbedingt in die Frühlingswochen vorverlegen, wenn das unentfaltete Blattwerk des Kronendaches den Vorhang sozusagen noch offen hält.

Hier, auf nährstoffreichen, feuchten Böden, findet man zum Beispiel die eigenartige Einbeere (→ Seite 126), eine Pflanze, die zu den Liliengewächsen gehört, unter den heimischen Liliengewächsen jedoch eine bemerkenswerte Ausnahme darstellt: Anstelle der bei dieser Familie üblichen streifennervigen Blätter besitzt die Einbeere Blätter mit feinverästelter Netznervatur, und ihre einzige, dem Betrachter auf kleinem Stiel entgegengehobene Blüte ist nicht dreizählig, sondern überwiegend vier-, manchmal sogar mehrzählig. Obwohl die schmalen Blütenblätter kräftig gelb gefärbt sind, ist die Blüte nicht besonders auffällig. Fliegen gehören zu den wichtigsten pollenverschleppenden Besuchern. Daneben kommt bei dieser Pflanze aber auch noch die viel ursprünglichere Windbestäubung vor.

In Schluchtwäldern wachsen auch das giftige Ährige Christophskraut (→ Seite 92) und das Ausdauernde Silberblatt (→ Seite 59), der Wald-Ziest (→ Seite 78) und die Nesselblättrige Glockenblume (→ Seite 112).

Vor allem in den Schluchtwäldern des Alpenraumes kommt der reichblütige Wald-Geißbart (→ Seite 92) vor, der fast schon so groß wird wie ein kleiner Strauch. Die tiefschattigen, immer etwas feucht-kühlen Standorte eines Schluchtwaldes mag auch das Große Springkraut (→ Seite 141) besonders gern. Es ist gleichzeitig die einzige heimische der jetzt in den Wäldern vorkommenden Springkraut-Arten. Seine beiden Verwandten, das Kleinblütige Springkraut (→ Seite 141) und das Drüsige Springkraut (*Impatiens glandulifera*) waren bis vor wenigen Jahrzehnten noch gewöhnliche, aus anderen Kontinenten importierte Gartenzierpflanzen, die verwilderten und sich jetzt vollständig eingebürgert haben.

Das Springkraut ist eine typische Schattenpflanze, die an einem hellen Standort sofort verkümmern würde. Die Pflanze besitzt einige Eigentümlichkeiten: Sie trägt große und kleine gelbe Blüten. Die großen Blüten besitzen einen gekrümmten Sporn, der Nektar enthält. Zu diesem arbeiten sich vor allem Hummeln und Bienen vor, die auf der Suche nach der süßen Nahrung auch gleich die Blüte bestäuben. Die kleineren Blüten öffnen sich nicht, sondern bleiben geschlossen. Sie enthalten männliche und weibliche Blütenteile, die gemeinsam reif werden und sich selbst bestäuben, also nicht auf die Hilfe von Insekten oder den Wind angewiesen sind.

Zum Bild: Üppige Blumenfluren entwickeln sich vor allem an den sonnigen Randbereichen eines Waldes oder auf Lichtungen. Schattenwälder sind weniger farbenprächtig, enthalten aber dennoch interessante Arten. ▶

Im Volksmund heißt das Springkraut auch Rühr-mich-nicht-an. Dieser Name stammt daher, daß die reifen Kapselfrüchte, auch wenn man sie nur leicht berührt, sofort aufplatzen. Die Kapselteile rollen sich spiralig ein und schleudern die schwarzen Samenkörner weit von sich.

Moose und Farne
Am Boden eines typischen Schluchtwaldes fallen neben einer Reihe recht attraktiver schattenliebender Waldblumen auch Pflanzen auf, die niemals blühen, aber dennoch ausgesprochen dekorativ sind: Rieselfeuchte Felsen und Gesteinsblöcke, dazu auch die Lücken zwischen den überall Halt suchenden Baumwurzeln oder die unteren Rindenpartien der Bäume werden weithin von Flickenteppichen verschiedenster Moose überkleidet. Dazwischen schauen überall die zartgliedrigen, mit immer neuen Blattmustern überraschenden Wedel kleinerer oder größerer Farne hervor.
Moose und Farne (→ hintere Klappe)

Schluchtwälder – kurz vorgestellt
Verbreitung: Überall im Bergland im Bereich eng eingeschnittener Täler und Schluchten, an beschatteten Nordosthängen, kleinflächig auch an Hohlwegen oder in aufgelassenen Steinbrüchen.
Bodentyp: Meist gute Nährstoffversorgung und dauerfeucht durch Sickerwasser, oft flachgründig oder ungleichmäßig verteilter Humusvorrat in Spalten und Klüften.
Schönster Blühaspekt: Keine ausgeprägte Hochblüte, interessante Einzelarten während des ganzen Sommers, dazu zahlreiche Moose und Farne.
Naturschutz: Wegen ihres speziellen Arteninventars besonders schutzwürdig.

sind die einfacher gebauten Vorfahren der Blütenpflanzen. Es gab sie schon, lange bevor sich die mit Blüten ausgestatteten Pflanzen zu ihrer heutigen Pracht und Formenfülle entfaltet hatten. Typenreich und vielfältig haben sich die Moose und Farne, obwohl sie unter dem Blickwinkel der Entwicklungsgeschichte eigentlich etwas veraltete Modelle der Pflanzenkonstruktion sind, in vielen Lebensgemeinschaften behauptet. In den schattigen und ständig luft- oder bodenfeuchten Schluchtwäldern finden sie besonders zusagende Lebensbedingungen. Vor allem bei den winzigen und oft nicht einmal streichholzlangen Moosen lohnt sich ein genaueres Hinsehen, denn hier kann man ganz unterschiedliche Wuchs- und Gestaltungsformen finden.
Die Farne überraschen ebenfalls mit einem beachtlichen Formenspektrum, zum Beispiel mit verschiedenen Schildfarn-Arten oder mit der für Schluchtwälder besonders charakteristischen Hirschzunge. Ein wenig erinnern die dauerfeuchten Schattenwaldbereiche in Senken, Schluchten oder an Abhängen mit ihrem üppigen Moos- und Farnbewuchs sogar an die Verhältnisse in den tropischen Regenwäldern, wo diese Pflanzengruppen ebenfalls einen großen Teil der Vegetation stellen.

Auenwälder
Unter normalen Umständen bleiben die Fließgewässer einfach in ihrem Bett. Das talwärts rauschende Wasser hat sich im Untergrund eine passende Fließrinne eingeschnitten, an deren Breite und Tiefe es zwar ständig weiter modelliert, gewöhnlich aber keine großen Veränderungen vornimmt. Nach der Schneeschmelze oder bei sommerlichen Starkregenfällen kann die vorhandene Strömungsrinne die anfallenden Wassermengen einfach nicht mehr fassen: Bach und Fluß treten über die Ufer und bewegen sich nun in ihrem wesentlich breiteren Hochwasserbett. Den Raum, den

Schattenspezialisten Einbeere

... und Schattenblume.

Zu den Bildern: Nur wenige Schattenspezialisten mit besonders tiefgrünen Blättern kommen mit den ungünstigen Lichtverhältnissen des sommerlichen Laubwaldes zurecht.

das Fließgewässer in den Hochwasserzeiten für sich in Anspruch nimmt, nennt man Aue.
In der Naturlandschaft sind Auen Waldstandorte. Hier siedeln erwartungsgemäß Pflanzen, denen die unregelmäßigen oder jahreszeitlichen Hochwasser wenig anhaben können. Entweder wurzeln sie so tief, dicht und weitverzweigt, daß sie ihren Wuchsplatz wie mit eiserner Hand gegen den Ansturm der Flutwelle verteidigen, oder sie sind so flexibel und geschmeidig, daß sie dem Zerren und Reißen der Strömung nur wenig Angriffsfläche bieten. Auch muß ihr Wurzelsystem so angepaßt sein, daß es den zeitweiligen Luftabschluß während der Überflutung schadlos übersteht.

Bacherlenwald

In der Naturlandschaft begleitet den Bach ein Auengehölz mit Erlen. In der Kulturlandschaft ist vom Bacherlenwald meist nur ein schmaler, die unmittelbare Uferkante begleitender Saum übrig geblieben, weil die höheren Teile der Bachaue häufig als Mähwiese (Auengrünland), stellenweise sogar als Ackerland genutzt werden. Man kann mehrere Typen von Bacherlenwäldern unterscheiden:
Auf der schmalen, periodisch überschwemmten Aue kleinerer Bäche im Mittelgebirge wächst der Bacherlen-Eschenwald. Er enthält als typische Waldblumen Wechselblättriges Milzkraut (→ Seite 127), Wald-Ziest (→ Seite 78), Großes Springkraut (→ Seite 141), Hexenkraut (→ Seite 104) oder Nelkenwurz (→ Seite 130).
Das Auengehölz der Bachläufe im mittleren und unteren Bergland ist häufig ein sogenannter Hainmieren-Schwarzerlen-

wald. Die sonst so häufige Esche fehlt hier fast ganz. Begleitende Kräuter sind die Hain-Sternmiere (→ Seite 86), die Rote Pestwurz (→ Seite 69) oder der Gewöhnliche Gilbweiderich (→ Seite 132). Für die Bäche im Tiefland ist der Traubenkirschen-Eschenwald recht charakteristisch. Vor allem im Frühjahr fallen hier auch Scharbockskraut (→ Seite 135) und Gold-Hahnenfuß (→ Seite 134) mit reichem Blütenflor auf.

Von Weiden geprägte Ufer
Entlang der kleinen und größeren Flüsse, deren Uferpartien meist aus Schotter-, Kies- und Sandaufschüttungen bestehen, siedeln sich Gehölzgürtel an, in denen verschiedene Weiden-Arten das Erscheinungsbild prägen. Weidengebüsch und Baumweidenaue faßt man auch als Weichholzaue zusammen. Hier kommt beispielsweise das sehr reichblütige Zottige Weidenröschen (→ Seite 60) vor. Seine Blüten haben eine besondere Form der Empfängnisverhütung entwickelt: Um zu verhindern, daß der eigene Pollen auf die Narbe rieselt, reifen Staubblätter und Narbenlappen um Tage versetzt heran. Wenn die Staubbeutel sich öffnen, sind die Narben mit Sicherheit noch geschlossen – die Blüte befindet sich also in der männlichen Phase. Nach dem Ausleeren der Staubbeutel ist die Gefahr der Selbstbestäubung gebannt. Jetzt kann man (mit einer Lupe) die wunderschönen, weit gespreizten Narbenlappen erkennen.

Auenwälder – kurz vorgestellt
Verbreitung: Typischerweise im Überschwemmungsbereich der kleineren und größeren Fließgewässer oder in deren unmittelbarem Saum.
Bodentyp: Vom Fließwasser herangebrachte und abgelagerte Schotter, Kiese und Sande oder Auenlehm, durch Hochwassereinflüsse meist sehr gut mit Nährstoffen versorgt, im Untergrund gewöhnlich staunaß oder zumindest sehr wechselnaß.
Schönster Blühaspekt: In den höhergelegenen Auenteilen vom mittleren Frühjahr bis in den Hochsommer, an Standorten mit eingebürgerten Zuwanderern vor allem im Spätsommer und Frühherbst.
Naturschutz: Einige weitgehend ungestörte Auenlandschaften (Donau, Oberrhein, Elbe) sind wertvolle Naturschutzgebiete.

Artenreiche Hartholzaue
Oberhalb der Baumweidenaue, wo die Böden nicht mehr aus den Sanden und Kiesen des Überschwemmungsbereiches zusammengesetzt sind, sondern Auenlehm und andere Bodenarten umfassen, stockt in der Naturlandschaft eine Waldformation, die nach den Eigenschaften ihrer Leitarten die Bezeichnung Hartholzaue erhielt. Sie trägt einen sehr artenreichen Eichen-Ulmenwald, der in seiner Blütenpracht in etwa dem bunten Blumenteppich eines Buchen- oder Eichenwaldes ähnelt, aber auch Standort etlicher interessanter Auenpflanzen ist, unter anderem von Schuppenwurz (→ Seite 72), Märzenbecher (→ Seite 100), Schneeglöckchen (→ Seite 101), Zaun-Giersch (→ Seite 96), Kletten-Labkraut (→ Seite 84) oder Bittersüßer Nachtschatten (→ Seite 111). Hier hat auch die Wald-Schlüsselblume (→ Seite 133) einen ihrer bevorzugten Standorte.

Zum Bild: Hartholzaue mit blühendem Bär-Lauch. Schon von weiter Ferne macht der Bär-Lauch durch seinen Geruch auf sich aufmerksam. ▶

Nadelwälder

Laubbäume bzw. Laubwälder sind in der Natur- und Kulturlandschaft zwar weit verbreitet, aber nicht die einzigen Landschaftsgestalter. An vielen Stellen werden sie durch Nadelwälder ersetzt. Vor allem im Bergland kommen etliche Waldtypen vor, in denen sich Laub- und Nadelhölzer zu Mischwäldern mit wechselnder Artenzusammensetzung zusammenfinden.

Kiefernwälder

Unter den Nadelhölzern sind die Kiefern die mit Abstand artenreichste Gattung. Die Wald-Kiefer oder Föhre *(Pinus sylvestris)* ist die wichtigste waldbildende Kiefernart.
Natürliche Kiefernwälder gibt es im Tiefland und in der Hügelregion der Mittelgebirge nur in den deutlich kontinental getönten Klimagebieten östlich der Elbe. Hier stockt die Wald-Kiefer auf sehr guten, tiefgründigen und nährstoffreichen Böden, auf denen außerhalb des Kontinentalklimas normalerweise Buchen-und Eichenwälder zu erwarten wären. Wo das lokale oder regionale Klima stärker von den sonstigen naturräumlichen Bedingungen abweicht, kommen natürliche Kiefernwälder insel- oder fleckenweise auch wesentlich weiter westlich vor, zum Beispiel im Gebiet des Steigerwaldes oder im nördlichen Oberrheingebiet (Mainzer Becken). Ansonsten sind größere Bestände der Wald-Kiefer meist Kiefernforste.
Außerhalb des geschlossenen Verbreitungsgebietes haben sie sich vor allem auf sandigen, vergleichsweise nährstoffarmen und ziemlich trockenen Böden sehr bewährt. Im Erscheinungsbild sind natürliche Wälder und Kiefernforsten nicht immer leicht zu unterscheiden.
Kiefernwälder sind häufig ziemlich licht und locker, durch den Kronenraum kann verhältnismäßig viel Licht bis zum Waldboden vordringen, so daß sich hier viele verschiedene Sträucher und Waldblumen ansiedeln können.
Typische Pflanzen in Kiefernwäldern sind verschiedene Zwergsträucher, die überwiegend zu den Heidekrautgewächsen gehören. Heidelbeeren, Preißelbeeren (*Vaccinium vitis-idea*) und Heidekraut können größere Bestände bilden. Vor allem an den Waldsäumen wächst häufig die Besenheide (→ Seite 66). Außerhalb der Blütezeit ist diese Pflanze recht unauffällig, im Spätsommer jedoch, zur Hauptblütezeit, sind die rosenroten Blütenteppiche bestimmt nicht mehr zu übersehen.

Kiefernwälder – kurz vorgestellt

Verbreitung: Als natürliche Wälder nur im kontinentaleren Mitteleuropa östlich der Elbe oder im Hochgebirge mit kurzen Sommern und kalten Wintern oder an Stellen vergleichbarer Eigenart.
Bodentyp: Im Hauptverbreitungsgebiet auf sehr guten Waldböden, außerhalb meist auf sandigen, nährstoffarmen und verhältnismäßig trockenen Standorten, hier jedoch relativ konkurrenzstark.
Schönster Blühaspekt: Im Spätsommer, wenn die Heidekrautgewächse blühen.
Naturschutz: Etliche Vorkommen sind für die Erhaltung besonderer Pflanzen- und Tierarten von Bedeutung.

Bergwälder

Im Bergland ändert sich das natürliche Waldbild stufenweise mit zunehmender Höhenlage.

Kiefernwälder – Bergwälder

Reife Beerenfrüchte der Heidelbeere.

Zum Bild: Im Spätsommer entwickelt sich die Heidelbeere zu einem Schmuckstück.

Im Wechsel der bestandsbildenden Baumarten und ihrer Begleitflora drückt sich der allmähliche Wandel des Klimas mit zunehmender Höhenlage aus. In den tieferen Lagen des Gebirgswaldes entsprechen die klimatischen Gegebenheiten noch am ehesten den Durchschnittsverhältnissen im breiten mitteleuropäischen Laubwaldgürtel. Je höher man aufsteigt, um so mehr nähert man sich den Klimatypen des nördlichen Europas mit seinen ausgedehnten Nadelwäldern, bis schließlich oberhalb von etwa 2000 Meter eine Höhenstufe erreicht ist, wo es keine geschlossenen Wälder und noch etwas weiter oben auch keine hochwüchsigen Bäume mehr geben kann.

Gleitende Übergänge

Bei etwa 1500 m Höhe lösen natürliche Nadelwälder die Laubwälder ab. Die Grenzen verlaufen jedoch kaum einmal so, als habe man sie mit dem Lineal gezogen. Die verschiedenen bestandsbildenden Baumarten der Laubwaldregion fallen vielmehr allmählich und nacheinander aus.

Bevor der Gebirgswald in einen reinen Nadelwald mit Fichten, Lärchen oder Arven übergeht, schiebt sich meist eine Mischwaldstufe mit Laub- und Nadelhölzern ein. Besonders schön ist sie am gesamten nördlichen Alpenrand zwischen Österreich und Frankreich ausgebildet, während sie den Zwischen- und Zentralalpen weitgehend fehlt. Diese Höhenmischwälder enthalten eine ganze Reihe attraktiver Waldblumen wie Klebriger Salbei (→ Seite 139), Quirlblättrige Weißwurz (→ Seite 98), Eisenhut-Hahnenfuß (→ Seite 94) oder Wald-Storchschnabel (→ Seite 63), deren Verbreitungsschwerpunkt im höheren Bergland liegt.

Tannenwälder

Von allen waldbildenden Nadelbäumen hat die Tanne von Natur aus nur ein sehr kleines, auf Mitteleuropa beschränktes Verbreitungsgebiet. Obwohl sie heute durch forstlichen Anbau viel weiter verbreitet ist, kommt sie von Natur aus eigentlich nur in den Alpen und in einigen höheren Mittelgebirgen vor. Artenreiche Tannenmischwälder bildet sie innerhalb der Alpenregion vor allem in der Schweiz, aber auch in den nordalpinen Teilen Österreichs und in anderen Alpengebieten. Natürliche Tannen-Buchen-Wälder, die man durchaus als die Gebirgsform des mitteleuropäischen Buchenwaldes verstehen kann, kommen selbstverständlich auch in einigen außeralpinen Gebirgslandschaften vor. Im Schweizer Jura stocken sie überwiegend zwischen 1000 und 1300 m Höhe, im Bayerischen Wald zwischen 700 und 1100 m, in der Schwäbischen Alb von 600 bis 1000 m, im Schwarzwald und in den Vogesen von etwa 500 bis 900 m. Nach Norden und nach Westen sinkt also die Höhengrenze gegenüber der Verbreitung innerhalb des Hochgebirges. Bemerkenswerte Waldblumen des Tannenwaldes sind das Rundblättrige Labkraut (→ Seite 85) und die Finger-Zahnwurz (→ Seite 58).

Tannenwälder – kurz vorgestellt

Verbreitung: Innerhalb des natürlichen Verbreitungsgebietes der Tanne in den höheren Lagen der alpennahen Mittelgebirge und der Alpen.

Bodentyp: Meist auf guten, nährstoffhaltigen, tiefgründigen und oft auch kalkreichen Böden. Als Tiefwurzler ist die Tanne auch für den Bodenaufschluß sehr wichtig.

Schönster Blühaspekt: Keine sehr auffälligen Blühwellen, aber während des Sommerhalbjahres erscheinen immer wieder bemerkenswerte Einzelarten.

Naturschutz: Tannenbestände sind heute in besonderem Maße vom Baum- und Waldsterben betroffen.

Zum Bild: Die haarige Spinnerraupe ist im Blütenstand der Besenheide hervorragend getarnt. Ausnahmsweise könnte sie hier sogar als Bestäuber wirken.

Tannenhäher sind ausgesprochene Nadelwaldbewohner

Es gibt mehrere Dutzend verschiedene Bergwaldgesellschaften. Das erleichtert bestimmt nicht die Übersicht, zeigt aber andererseits, daß in der Übergangszone der Bergwälder von Laub- zu Nadelwald ein großer regionaler Typenreichtum vorkommt.

Fichtenwälder und Fichtenforste

In einer Auflistung der häufigsten Baumarten Europas würde die Fichte bestimmt einen der vordersten Plätze belegen. Eigentlich ist sie der Charakterbaum der Taiga, der großen, geschlossenen, auch die Tiefländer überdeckenden Nadelwaldzone, die sich nordöstlich an das europäische Laubwaldgebiet anschließt und über ganz Nordeuropa bis nach Sibirien reicht. Beim Blick auf die heutige Mittelgebirgslandschaftentsteht der Eindruck, man befinde sich irgendwo inmitten der nordosteuropäischen Taiga oder zumindest in den Kammlagen der östlichen Mittelgebirge: Weithin breiten sich über Hänge und Hochflächen ausgedehnte Fichtenbestände aus. Offensichtlich hat die Fichte ihre natürliche Westgrenze weit hinter sich gelassen und nimmt jetzt ein viel größeres Gebiet ein, als sie früher je innehatte. Alle Fichtenbestände der west-

Zum Bild: Der Tannenhäher ist ein gefiederter Förster: Er versteckt jährlich im Herbst Unmengen an Baumsamen als Wintervorrat.

lichen Tiefländer und der unteren Mittelgebirgslagen sind jedoch reine Fichtenforste auf Standorten, die früher einmal Laubwald bedeckte und auf denen eigentlich auch heute Buchen- oder Eichenwälder wachsen sollten.

Wald-Einsamkeit

Im Unterschied zu vielen anderen Waldtypen sehen die natürlichen Fichtenwälder immer recht einförmig aus. Beimischungen anderer Baumarten kommen fast nicht vor. Waldblumen entwickeln sich überwiegend unter lichteren Stellen, auf Kahlschlägen oder entlang der Wege und Säume. Wald-Wachtelweizen (→ Seite 142), Siebenstern (→ Seite 94), Moosglöckchen (→ Seite 89, 90) oder verschiedene Wintergrüngewächse sind ausgesprochene Nadelwaldbewohner. Hinzu kommen zahlreiche interessante Moosarten oder besondere Farnpflanzen, allesamt ausgestattet mit sehr dunkelgrünen, auf Schwachlicht spezialisierte Blattorganen.

Fichtenwälder – kurz vorgestellt

Verbreitung: In der borealen, winterkalten Nadelwaldzone (Taiga), in den Alpen und in den höchsten Lagen vor allem der östlichen Mittelgebirge. Der Schwarzwald ist die natürliche Westgrenze. Durch Forstanbau auch im westlichen (Mittel-) Europa weit verbreitet und häufig.

Bodentyp: Lockere, nicht allzu tiefgründige Lehm- und Tonböden. Bildet sehr viel Rohhumus und führt zur Bodenversauerung.

Schönster Blühaspekt: Auffällige Blühwellen fehlen. Von Früh- bis Spätsommer finden sich vor allem entlang der Waldsäume eine Menge bemerkenswerter Waldblumen.

Naturschutz: Je mehr ein Bestand zur Stangenplantage wird, um so ärmer ist sein Artenbestand.

Ganz speziell auf die Fichte angewiesen ist der Fichtenspargel (→ Seite 29, 130), eine Schmarotzerpflanze, die auf den Wurzeln von Fichten lebt.

An den Waldsäumen, vor allem aber auf Kahlschlägen siedeln sich sehr schnell Roter Fingerhut (→ Seite 73) und Schmalblättriges Weidenröschen (→ Seite 60) an. Von Juli bis September heben sich die roten und rosafarbenen Blüten der beiden Staudenpflanzen deutlich vor dem dunkelgrünen Hintergrund ab.

Monotonie im Fichtenforst

In einem Fichtenforst verkommt jeglicher Artenreichtum zu völliger Monotonie. Hier stehen die Bäume gewöhnlich dichter als im natürlichen Wald, so daß es im Bestand auch am hellichten Tag für Bodenpflanzen viel zu dunkel ist. Lediglich die Randsäume sind einigermaßen krautreich.

Eine sehr charakteristische und auffällige Pflanze entlang der lichten Säume und Wege durch die Fichtenforste ist das Fuchs-Kreuzkraut (→ Seite 137). Es kommt meist bestandsbildend vor und bringt von Juni bis September mit seinen gelben Blütenständen Farbe an den Waldrand.

Baum- und Waldschäden führen auch in den Forsten zu erheblichen Kronenverlichtungen, so daß stellenweise vermehrt Licht zum Boden vordringen kann. In solchen Beständen ist der Waldboden dann ungewöhnlich grün, weil sich hier allerhand Kräuter, Zwergsträucher und Jungwuchs von Laubbäumen entwickeln kann. Obwohl sie hochgradig künstliche Gebilde sind, gewinnen die Forste dadurch zumindest im Bodenbereich ein annähernd natürliches Aussehen.

Zum Bild: Fruchtendes Moos. Wenn auch Nadelwälder keine auffälligen Blütenpflanzen beherbergen, erfreuen sie doch mit einem ungeheuren Artenreichtum an Moosen und Farnen. ▶

Die Roten geben den Ton an: Schlagflur mit großem Bestand des Roten Fingerhuts.

Waldblumen bestimmen

Im Frühjahr bedecken die Frühblüher unter den Waldblumen das bleiche Fahlbraun der Laubstreu mit üppig bunten Blütenteppichen. Aber auch das saftige, vielstufige Grün des Sommerwaldes wird durch leuchtendes Rot, Blau, Weiß oder Gelb blühender Waldblumen aufgelockert – eine unübersehbare und sehr werbewirksame Einladung für Bienen, Falter, Käfer und Schwebfliegen, aber auch für uns, noch genauer hinzusehen und die fein abgestuften Farben und Formen zu bewundern. Die erstaunliche Vielfalt der Waldblumen zeigt sich oft erst ganz aus der Nähe: faszinierende Einzelheiten im Aufbau der Blütenkronen, verschiedenartigste Blütenformen und Farbmuster, trickreiche Einfälle, um Bestäuberinsekten anzulocken und gefangenzuhalten.

Ratschläge und Tips fürs Bestimmen

GU Kennfarben-Code als Bestimmungshilfe

Im folgenden Bestimmungsteil sind die Waldblumen nach ihrer vorherrschenden Blütenfarbe in vier Farbgruppen aufgeteilt.

Roter Kennstreifen:
Auf den Seiten 56 bis 79 finden Sie Waldblumen von zartem Rosa über kräftiges Karmin und leichtes Lila bis zu Purpurfarben und Rotviolett.

Weißer Kennstreifen:
Auf den Seiten 80 bis 105 finden Sie Waldblumen mit reinweißen bis cremefarbenen Blüten.

Blauer Kennstreifen:
Auf den Seiten 106 bis 123 stehen alle Waldblumen mit blauen Blüten in den Farbnuancen von zartem Hellblau bis tintigem Blauviolett.

Gelber Kennstreifen:
Die Seiten 124 bis 143 zeigen alle Waldblumen mit Blüten von zartem Blaßgelb bis leuchtendem Dottergelb.

Die Auswahl der Arten

In diesem GU Naturführer finden Sie alle wichtigen und interessanten Waldblumen Mitteleuropas und der angrenzenden Gebiete. Die meisten Arten der flächendeckenden Laubwälder im Tief- und Hügelland, der bach- und flußbegleitenden Auenwälder sowie der natürlichen Nadelwälder der Gebirge lassen sich mit dieser Auswahl zuverlässig und sicher bestimmen - auch die Waldblumenvorkommen auf den Britischen Inseln, in West- und Mittelfrankreich, Südskandinavien, Polen, Tschechoslowakei, Nordungarn und der Gebirge der Mittelmeerländer. Unberücksichtigt blieben extrem seltene oder nur in sehr eingeschränkten Gebieten vorkommende Waldpflanzen, ferner auch Arten aus schwierigen Formenkreisen oder solche Pflanzen, die nur gelegentlich in Waldgesellschaften vertreten sind und ihre Hauptverbreitung in anderen Lebensgemeinschaften haben. Diese Auswahl schließt die eigentlichen alpinen Arten aus, die im wesentlichen oberhalb der Waldgrenze angesiedelt sind.
Der Naturfreund kann somit alle diejenigen Blumen in diesem Buch finden, denen er auch draußen häufig oder gelegentlich begegnet.

Die Steckbriefe

Alle Farbfotos sind in freier Natur aufgenommen und zeigen die Waldblumen mit ihren kennzeichnenden Blüten-, Blatt- und Wuchsmerkmalen. Im Laufe von Wachstum und Entwicklung, Blühen und Reifen und selbstverständlich auch in Abhängigkeit vom jeweiligen Standort verändern die Pflanzen ihr Aussehen in gewissem Umfang. Nicht alle Einzelheiten dieses Werdens oder Veränderns kann das Foto als Momentaufnahme festhalten. Wer sich jedoch an einer voll erblühten Pflanze auch die Blatt- und Stengelmerkmale einprägt, wird die betreffende Art auch im nichtblühenden Zustand wiedererkennen.
Die Beschreibungstexte enthalten knappe, verständliche und dennoch genaue Angaben, die zum raschen Erkennen der Art und zur Einordnung in eine bestimmte Lebensgemeinschaft erforderlich sind.
Pflanzennamen: Angegeben ist jeweils der ge-

Erläuterungen zum Bestimmungsteil

bräuchliche deutsche und wissenschaftliche Name nach dem neuesten Stand europäischer Florenwerke sowie die Pflanzenfamilie, zu der die betreffende Art gehört.

Jeder Steckbrief enthält die folgenden Angaben:

Aussehen: Erscheinungsbild der Pflanze, Größe, Wuchsart und Gesamteindruck beim ersten Hinsehen.

Die Blüten sind das wichtigste Bestimmungskennzeichen. Sie werden daher möglichst detalliert nach Farbe, Form und Größe vorgestellt. Hier finden sich auch Anmerkungen zum Aufbau des Blütenstandes (→ Seite 14).

Der Stengel bestimmt mit seiner Wuchshöhe und Verzweigung sehr wesentlich den Gesamteindruck der Pflanze.

Die Blätter sind für das Wiedererkennen der Pflanze auch außerhalb der Blütezeit wichtig. Spezielle Hinweise erleichtern das Verstehen von Besonderheiten der Blattform und Blattstellung (→ Seite 16 - 19).

Blütezeit: Die Angaben zur Blütezeit beziehen sich auf das mitteleuropäische Verbreitungsgebiet der jeweiligen Arten und ihren natürlichen Standort.

Vorkommen: Unter diesem Stichwort steht der Waldtyp, in dem die betreffende Art vorzugsweise zu finden ist oder auch benachbarte Lebensgemeinschaften, in denen sie ebenfalls auftritt.

Bestimmungstip: Der Bestimmungstip stellt sichere Erkennungsmerkmale und Unterscheidungsmerkmale zu ähnlichen Arten heraus oder benennt nahe verwandte Arten, die sonst nicht weiter aufgeführt werden.

Die Blütensilhouetten

Innerhalb der einzelnen Farbgruppen, die der Kennfarben-Code erschließt, finden Sie jeweils eines von vier Blütensymbolen (siehe dazu auch Klappe vorn). Diese Symbole teilen die Waldblumen nach der Anzahl ihrer nichtgrünen Blütenblätter ein.

Zwei Formgruppen lassen sich dabei nach der Blütensymmetrie unterscheiden: Entweder sind die Blüten (oder die als große Einzelblüte erscheinenden Blütenstände) radförmig aufgebaut (radiärsymmetrisch mit mehreren Symmetrieachsen) oder sie sind zweiseitig symmetrisch (zygomorph) mit nur einer senkrecht verlaufenden Spiegelungs- bzw. Symmetrieachse (→ Seite 12).

Die verwendeten Symbole für die vier Formgruppen sind:

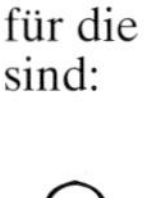

Vierzählige (vierstrahlige) Blüten mit vier (farbigen) Kronblättern und vier (manchmal farbigen) Kelchblättern, die jeweils kreuzförmig zueinander angeordnet sind.

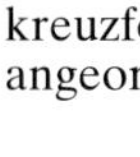

Fünfzählige (fünfstrahlige) Blüten mit fünf Kron- und fünf Kelchblättern.

Sechs- bis vielzählige (vielstrahlige) Blüten mit oft wesentlich mehr als sechs Blütenblättern. In diese Gruppe sind auch die wie eine Einzelblüte aussehenden Blütenstände der Doldenblüten- und der Korbblütengewächse eingeordnet.

Zweiseitig symmetrische Blüten, meist klar erkennbar in eine Oberlippe und eine davon formverschiedene Unterlippe gegliedert.

Mit dem Formvergleich zwischen Blütensilhouette und Blüte läßt sich der zugrundeliegende Konstruktionsplan schnell durchschauen und auch besser verstehen, wie Einzelblüten mitunter zu sehr umfangreichen Blütenständen angeordnet werden.

Die Gliederung nach Blütenmerkmalen führt innerhalb der Farbgruppen jeweils auch automatisch die Angehörigen bestimmter Pflanzenfamilien zusammen. (Außer den Blütenmerkmalen sind aber auch noch weitere Kennzeichen für die einzelnen Pflanzenfamilien und Verwandtschaftsverhältnisse typisch.)

Abkürzungen

cm Größenangaben in den Steckbrieftexten (Wuchshöhe, Stengellänge, Blattgröße).

Blütenfarbe

Rot

Reinrote Blüten kommen in den Wäldern nicht vor. Das liegt wohl daran, daß die meisten Blütenbesucher spektral reines Rot nicht erkennen können. Den Rottönen ist oftmals noch ein anderer Farbwert beigemischt, so daß sie mal kräftig purpurn, mal mehr rosa, gelegentlich auch violettrötlich, in einigen Fällen sogar grünlichrot oder hell lila aussehen. Bei einigen Arten kommen auch fließende Farbübergänge zu kräftigem Blau vor, weil die Blüten innerhalb weniger Tage sichtlich umfärben.

Diptam ist eine seltene Pflanze trockenwarmer Gebüschsäume und Waldränder.

Finger-Zahnwurz

Zwiebel-Zahnwurz

Die schwarzvioletten Brutknospen der Zwiebel-Zahnwurz in den Blattachseln dienen der ungeschlechtlichen Fortpflanzung. Wenn sie zu Boden fallen, keimt daraus eine neue Pflanze auf. Dieses Verfahren sichert die Vermehrung, wenn die Bestäuber der Blüten einmal unerwartet ausbleiben sollten.

Finger-Zahnwurz

Dentaria pentaphyllos
Kreuzblütengewächse
Aussehen: Mittelgroß, meist einzeln oder gesellig, 25–50 cm.
Blüten rosenrot oder violettpurpurn, bis über 3 cm breit, zu mehreren büschelig in endständiger Traube. Stengel aufrecht und unverzweigt. Untere Blätter fünfzählig, das obere dreizählig handförmig gefiedert, wechselständig. Fiederblätter oval-lanzettlich, gesägt. Ohne Brutknöllchen in den Blattachseln.
Blütezeit: IV–VI.
Vorkommen: Krautreiche Buchenwälder oder Ahornwälder, vor allem im Gebirge und in den Alpen. Selten und schützenswert.
Bestimmungstip: Die großen violett- bis rosaroten Blüten und die fingerförmig geteilten Blätter sind unverwechselbar.

Zwiebel-Zahnwurz

Dentaria bulbifera
Kreuzblütengewächse
Aussehen: Mittelgroß, einzeln oder in kleinen Gruppen, 30–50 cm.
Blüten hellviolett oder rötlich, manchmal auch weiß, zu mehreren in endständigen, verlängerten Trauben. Stengel aufrecht und unverzweigt. Die Grundblätter und die unteren Stengelblätter sind zwei- bis dreipaarig gefiedert. Die oberen Stengelblätter sind einfach, lanzettlich und gekerbt. In den oberen Blattachseln mit je 1–2 bräunlichen Brutknöllchen.
Blütezeit: IV–VI.
Vorkommen: Buchenwälder, meist auf Kalkböden.
Bestimmungstip: Besonders kennzeichnend sind die Brutknöllchen in den Blattachseln.

Ausdauerndes Silberblatt

Gewöhnliche Nachtviole

Das Silberblatt erhielt seinen Namen von den auffälligen und sehr dekorativen Trennwänden seiner Früchte, die übrigbleiben, wenn die Schötchenwände durch Trocknung abgesprengt wurden und die flachen Samen ausgestreut haben.

Ausdauerndes Silberblatt
Lunaria rediviva
Kreuzblütengewächse
Aussehen: Groß, kräftig, einzeln oder in Gruppen, 40–140 cm.
Blüten bis 4 cm breit, lila, rot-violett, hellviolett oder selten auch weiß, angenehm duftend, büschelig in endständigen Trauben. Stengel aufrecht, nur oben verzweigt und daher mit mehreren Teilblütenständen. Blätter unten gegen-, oben wechselständig, herzförmig, gezähnt.
Blütezeit: V–VI.
Vorkommen: Schluchtwälder, Bergwälder, meist auf Kalkböden. Fehlt im Tiefland.
Bestimmungstip: Typisch sind die großen, an beiden Enden zugespitzten Schoten, deren silbrige Trennwand nach dem Öffnen zurückbleibt.

Gewöhnliche Nachtviole
Hesperis matronalis
Kreuzblütengewächse
Aussehen: Groß, meist einzeln, 40–100 cm.
Blüten rötlich-violett, hell-lila, seltener auch weißlich, bis 2 cm breit, vor allem gegen Abend angenehm duftend (Nachtfalterblume), in endständiger Traube. Stengel aufrecht, unverzweigt. Blätter wechselständig, lanzettlich, nach oben kleiner werdend, sitzend.
Blütezeit: V–VII.
Vorkommen: Vor allem in Auenwäldern und entlang größerer Fließgewässer, manchmal auch aus Gärten verwildert. Alte Bauerngartenblume.
Bestimmungstip: Zur Blütezeit sind meist keine Grundblätter mehr vorhanden. Stengel und Stengelblätter etwas borstig.

Nachtkerzengewächse

Schmalblättriges Weidenröschen

Zottiges Weidenröschen

Die Blüten der Weidenröschen sind nach der Anordnung ihrer einzelnen Blütenblätter offenbar der noch nicht abgeschlossene Versuch, die ursprünglich radförmige Krone zu einem zweiseitig symmetrischen Gebilde umzugestalten.

Schmalblättriges Weidenröschen

Epilobium angustifolium
Nachtkerzengewächse
Aussehen: Große, ansehnliche, meist sehr gesellige Pflanze, 50–150 cm. Blüten purpurrot oder rosa, 2–3 cm breit, zahlreich in verlängerten, nach oben verschmälerten Trauben. Stengel aufrecht, unverzweigt, stumpfkantig. Blätter alle wechselständig, schmal-lanzettlich, kahl, auf der Unterseite bläulichgrün, mit vortretenden Seitennerven. Kapselfrüchte mit Flugsamen.
Blütezeit: VII–IX.
Vorkommen: Sehr häufig auf Schlägen, an Waldrändern, auf Brachland. Von der Ebene bis 2400 m.
Bestimmungstip: Bei den großen Blüten sind nicht nur die Kronblätter, sondern auch die Kelchblätter rötlich gefärbt. Die Blüte ist angedeutet zweiseitig symmetrisch.

Zottiges Weidenröschen

Epilobium hirsutum
Nachtkerzengewächse
Aussehen: Große, auffallende, sehr buschige Pflanze, 50–150 cm. Blüten bis 4 cm breit, purpurrot oder rosarot, mit vier breit herzförmigen Kronblättern und langer Kronröhre. Stengel aufrecht, stark ästig. Blätter gegenständig, sehr weichhaarig, halb stengelumfassend, gesägt bis gezähnt.
Blütezeit: VI–IX.
Vorkommen: Zerstreut bis häufig in Auengebüschen, an feuchten Waldwegen und entlang von Gräben.
Bestimmungstip: Die sehr großen, unbedingt auffallenden Blüten sind radiärsymmetrisch und haben eine viergeteilte Narbe.

Rosenrotes Weidenröschen

Jede Blüte durchläuft zunächst eine männliche und dann die weibliche Phase: Zuerst sind immer die Staubgefäße geöffnet. Nach ihrer Leerung breiten sich die empfangsbereiten Narbenlappen aus. Dieser Ablauf sichert die Fremdbestäubung.

Berg-Weidenröschen

Rosenrotes Weidenröschen
Epilobium roseum
Nachtkerzengewächse
Aussehen: Mittelgroß, leicht buschig, 30–80 cm. Blüten hellrosa, bis 1,5 cm breit, in sehr lockerer Traube. Stengel aufrecht, nach oben verzweigt. Blätter gegenständig, ungefähr 1 cm lang gestielt, länglich-eiförmig, gezähnt, auf den Blattnerven behaart.
Blütezeit: VII–X.
Vorkommen: Auenwälder, feuchte Gebüsche, entlang von Gräben an Waldwegen. Nährstoffzeiger.
Bestimmungstip: Die Kronblätter sind vorne tief eingeschnitten. Die vierkantigen Samenkapseln sind sehr lang. Beim **Kleinblütigen Weidenröschen** *(Epilobium parviflorum)* sind die Blüten hellrosa, 1–2 cm breit. Blätter sitzend, nur wenig gezähnt und weichhaarig.

Berg-Weidenröschen
Epilobium montanum
Nachtkerzengewächse
Aussehen: Mittelgroß, einzeln oder gruppenweise, bis 100 cm.
Blüten rosa oder purpurrot, bis über 1 cm breit, mit vorne tief eingeschnittenen Kronblättern. Stengel aufrecht, unverzweigt oder nur wenig ästig. Blätter nur im unteren Stengelabschnitt gegenständig, oben wechselständig, sehr kurzgestielt, länglich-oval, ungleich gezähnt, am Grunde abgerundet.
Blütezeit: VI–IX.
Vorkommen: Verbreitet in Laub- und Nadelmischwäldern, auch auf Schlägen und an schattigen Wegen.
Bestimmungstip: Die grasgrünen Stengelblätter sind an der Basis am breitesten. Der Stengel ist drehrund.

Osterluzei- und Nachtschattengewächse

Haselwurz

Für die trübroten Blüten der Haselwurz interessieren sich vor allem Pilzmücken. Bei der Suche nach geeigneten Plätzen zur Eiablage werden die Mücken vom feinen Pilzaroma der Blüten getäuscht und zur Bestäubung angelockt.

Tollkirsche

Haselwurz

Asarum europaeum
Osterluzeigewächse
Aussehen: Kleine, kriechende, teppichbildende Pflanze, 5–10 cm. Blüten glockig, innen dunkel-purpurn, außen bräunlich, auf sehr kurzen Stielen zwischen den Blättern und daher oft übersehen, bleiben manchmal auch zwischen der Bodenstreu. Blätter immergrün, dunkelgrün glänzend, herz- bis nierenförmig.
Blütezeit: III–V.
Vorkommen: Buchenwälder, Auenwälder, auf nährstoffreichen, lehmigen Böden. Im Tiefland und westlich des Rheins fehlend.
Bestimmungstip: Die Blätter duften beim Zerreiben ziemlich unangenehm.

Tollkirsche

Atropa belladonna
Nachtschattengewächse
Aussehen: Große, kräftige, stark verzweigte Pflanze vom Aussehen eines kleinen Strauches, 50–150 cm. Blüten einzeln in den Blattachseln, glockig, hängend, außen rötlich-violett bis braunrot, innen gelbgrün mit violetten Adern, mit fünfblättrigem, grünem Kelch. Blätter bis 15 cm lang, länglich-oval, zugespitzt, allmählich in den Blattstiel verschmälert, wechselständig. Die glänzend schwarze Beere ähnelt einer Kirsche. Sehr giftig!
Blütezeit: VI–VIII.
Vorkommen: Auf Waldlichtungen und Schlägen, an Waldwegen, in Laub, Misch- und Nadelwäldern.
Bestimmungstip: Die großen zungenförmigen Blätter und die trübroten Einzelblüten sind unverwechselbar.

Wald-Storchschnabel

Stinkender Storchschnabel

Die zarte Längsstreifung der Blütenblätter beim Stinkenden Storchschnabel (der so unangenehm eigentlich gar nicht duftet) ist ein wichtiges Signal für die rasche Orientierung der blütenbesuchenden Insekten beim Anflug und Landen.

Wald-Storchschnabel

Geranium sylvaticum
Storchschnabelgewächse
Aussehen: Mittelgroß, buschig, einzeln oder gesellig, 30–60 cm.
Blüten rötlichblau bis blauviolett, mit dunklerer Aderung, meist einzeln auf einem Stiel. Stengel nur oben ästig verzweigt. Blätter handförmig geteilt, mit fünf bis sieben breiten Endabschnitten. Die namengebende Frucht ist lang schnabelförmig und zerfällt in fünf Teilfrüchte.
Blütezeit: V–VII.
Vorkommen: Staudenfluren, Gebüschsäume, Erlenwälder, Auengebüsche, auch auf Bergwiesen. Fehlt im Tiefland, im Bergland ab 700 m.
Bestimmungstip: Nach dem Abblühen bleiben die Blütenstiele aufrecht. Die Kronblätter werden zur Blütenmitte hin heller bis weißlich.

Stinkender Storchschnabel

Geranium robertianum
Storchschnabelgewächse
Aussehen: Kleine, sehr locker verzweigte Pflanze, einzeln oder in Gruppen, 20–50 cm.
Blüten rosa bis lilarötlich, mit kräftig braunrotem Kelch, meist zu zweit an verlängertem Blütenstiel. Stengel liegend oder aufsteigend, dicht abstehend behaart.
Blütezeit: V–X.
Vorkommen: Schluchtwälder, Auenwälder, Schlagfluren, Waldwege, Mischwälder, auch an Mauern und in Gebüschen. Häufig.
Bestimmungstip: Die Kronblätter tragen drei weißliche Längsstreifen. Der Geruch ist sehr typisch. Blätter und Stengel sind häufig kräftig rot.

Rote Lichtnelke

Heide-Nelke

Die Kronblätter der Heide-Nelke begehen Etikettenschwindel, denn sie täuschen den anfliegenden Bestäuberinsekten viel mehr Staubblätter vor, als tatsächlich vorhanden sind.

Rote Lichtnelke
Silene dioica
Nelkengewächse
Aussehen: Mittelgroß bis groß, einzeln oder gesellig, 30–90 cm.
Blüten hell- bis purpurrot, mit fünf tiefspaltigen Kronblättern, daher scheinbar zehnblättrig. Viele Einzelblüten in endständigen Rispen. Kelche abstehend behaart. Stengel aufrecht, verzweigt, behaart. Blätter gegenständig, länglich-oval, behaart.
Blütezeit: IV–IX.
Vorkommen: Feuchte Wiesen, Gebüschsäume und Waldränder, Gräben entlang von Waldwegen, vor allem in Buchenwäldern.
Bestimmungstip: Die Blüten sind eingeschlechtig, enthalten also entweder nur Staubblätter oder nur Fruchtknoten.

Heide-Nelke
Dianthus deltoides
Nelkengewächse
Aussehen: Kleine, meist einzeln wachsende Pflanze, 10–30 cm.
Blüten einzeln, nicht büschelig gedrängt wie bei anderen heimischen Arten, dunkel purpurrot, vorne gezähnt, niemals geschlitzt, mit weißem Punktmuster und dunklem Querstreifen. Stengel dünn, aber fest, aufrecht, nur im oberen Teil wenig verzweigt. Blätter gegenständig, linealisch, am Rande rauh, kurz flaumhaarig.
Blütezeit: VI–IX.
Vorkommen: Lichte Kiefernwälder, Heiden, verbuschte Trockenfluren, auf sandigen, kalkarmen Böden. Nicht allzu häufig.
Bestimmungstip: Typisch sind der behaarte Stengel und die einzelnstehenden, knapp 2 cm breiten Blüten.

Echtes Lungenkraut

Echte Hundszunge

Echte Hundszunge

Echtes Lungenkraut
Pulmonaria officinalis
Rauhblattgewächse
Aussehen: Kleine, aber kräftige Pflanze, meist gesellig, 15–30 cm.
Blüten mit langer Röhre (im Kelch) und radförmig ausgebreitetem Kronenteil, anfangs rosa, dann lila und zuletzt blau, alle Farben im gleichen Blütenstand. Stengel aufrecht oder aufsteigend, wenig verzweigt. Grundblätter gestielt, länglich-herzförmig, zum Blattstiel plötzlich verschmälert, weißfleckig. Stengelblätter kleiner und sitzend. Alle Teile der Pflanze sind bis in den Blütenstand auffallend borstig behaart.
Blütezeit: III–V.
Vorkommen: Buchenwälder, krautreiche Laubmischwälder, Waldränder.
Bestimmungstip: Kennzeichnend sind die länglich-herzförmigen, auch im Sommer bleibenden Grundblätter.

Echte Hundszunge
Cynoglossum officinale
Rauhblattgewächse
Aussehen: Kräftig, mittelgroß, meist einzeln, graugrün, 30–80 cm.
Blüten anfangs violettrot, dann zunehmend bräunlichrot, bis 7 mm breit, mit kurzer Röhre, deren Eingang von kleinen Schlundschuppen verschlossen ist. Kronzipfel ausgebreitet. Stengel aufrecht, dicht beblättert. Blätter lanzettlich, sitzend und teilweise stengelumfassend, graufilzig behaart.
Blütezeit: V–VII.
Vorkommen: Wegränder, Schlagfluren, Gebüsche.
Bestimmungstip: Die Pflanze riecht beim Zerreiben leicht unangenehm nach Mäusen.

Heidekrautgewächse

Heidelbeere, Blaubeere

Besenheide, Heidekraut

Bei den Heidekrautgewächsen sind die einzelnen Staubblätter durch Hörnchenfortsätze untereinander verhakt. Wenn ein ungestümes Insekt die Blüte besucht und irgendwo Anstoß erregt, schütten alle Pollensäcke gleichzeitig ihren Blütenstaub aus.

Heidelbeere, Blaubeere

Vaccinium myrtillus
Heidekrautgewächse
Aussehen: Dichtbuschiger, hellgrüner Zwergstrauch, oft bestandsbildend, bis 50 cm.
Blüten kugelig-glockig, grünlich-rot bis purpurrot, bis 5 mm breit, Zweige aufrecht, kantig, hellgrün. Blätter wechselständig, kurzgestielt, fein gesägt. Beerenfrucht blauschwarz bereift.
Blütezeit: V–VI.
Vorkommen: Ziemlich häufig in lichten und artenarmen Laubwäldern, Bergwäldern und auch in Fichtenforsten.
Bestimmungstip: Die grünen, unverholzten und sehr zähen Zweige sowie die mattgrünen, Blätter sind unverwechselbar. Aus den kugelig-krugförmigen Blütenkronen schaut nur der lange Griffel hervor.

Besenheide, Heidekraut

Calluna vulgaris
Heidekrautgewächse
Aussehen: Immergrüner, dicht verzweigter Zwergstrauch, 30–70 cm.
Blüten mit rotvioletten oder rosaroten Kelchblättern und gleichfarbener, tiefspaltiger Krone, zahlreich in dichtblütigen, einseitswendigen Trauben am Ende der Zweige. Blätter bis 3 mm lang, oberseits mit Rinne.
Blütezeit: VII–IX.
Vorkommen: Lichte Laubwälder, Eichen-Hainbuchenwälder, Kiefernwälder, Trockensäume, Gebüsche. Häufig.
Bestimmungstip: Bei den Heidekrautblüten sind Kelch und Krone kräftig rötlich ausgefärbt. Kaum eine andere Pflanze hat so kleine Blätter.

Heidekraut- und Korbblütengewächse

Schnee-Heide

Hasenlattich

Die Schnee-Heide hat unter allen alpinen Sträuchern den frühesten Blühtermin und ist deswegen eine wichtige Nahrungsquelle für Insekten, die sich schon bei den ersten Sonnenstrahlen hinauswagen.

Schnee-Heide

Erica herbacea
Heidekrautgewächse
Aussehen: Immergrüner, kriechender Zwergstrauch, 10–25 cm.
Blüten rosarot, fleischfarben oder karmin, selten auch weiß, mit gefärbten kurzen Kelchblättern und deutlich längerer Krone, zahlreich in einseitswendigen Trauben an den Zweigenden. Stengel liegend oder aufsteigend. Blätter zu je vier in Scheinwirteln, linealisch, bis 8 mm lang.
Blütezeit: III–V.
Vorkommen: Lichte Gebüsche und Kiefernwälder, Berg-Nadelwälder, vom Alpenvorland bis über die Baumgrenze.
Bestimmungstip: Aus den auffällig gefärbten Blüten schauen die dunkelroten Staubblätter und der lange Griffel hervor.

Hasenlattich

Prenanthes purpurea
Korbblütengewächse
Aussehen: Mittelgroß bis groß, sehr locker verzweigt, einzeln oder in Gruppen, 50–150 cm.
Blüten violettrot oder purpurn, erscheinen fünfzählig, bestehen aber aus fünf einzelnen, sternförmig zu einem Köpfchen angeordneten Zungenblüten. Köpfchen ihrerseits in lockeren, weitständig verzweigten Rispen. Stengel aufrecht. Blätter buchtig, blaugrün, kahl.
Blütezeit: VII–IX.
Vorkommen: Schattige Nadelmischwälder, Buchenwälder, Schluchtwälder oder schattige Hänge.
Bestimmungstip: Die Blütenköpfe weisen fast immer abwärts. Die Pflanze gibt weißen Milchsaft ab.

Grauer Alpendost

Wasserdost, Wasserhanf

Die sehr engen Röhrenblüten des Wasserdostes können nur von Insekten mit einem besonders langen Saugrüssel ausgebeutet werden. Er ist daher eine bevorzugte Tankstelle für Schmetterlinge und gerade im Spätsommer eine wichtige Falterblume.

Grauer Alpendost
Adenostyles alliariae
Korbblütengewächse
Aussehen: Kräftige, sehr großblättrige und auffällige Pflanze, meist in Gruppen, 60–200 cm.
Blüten blaßrot, röhrenförmig, mit dunkelpurpurnen Hüllen, zu je 3–6 in kleinen Köpfen, diese sehr zahlreich in großen, dichten Doldentrauben. Stengel aufrecht, verzweigt. Blätter mattgrün. Grundblätter gestielt, herzförmig, sehr breit. Stengelblätter sitzend und geöhrt.
Blütezeit: VI–IX.
Vorkommen: Offene, sickerfeuchte Staudenfluren oberhalb der Waldgrenze, Säume von Knieholz und krautreiche Bergmischwälder. Alpen bis über 2000 m.
Bestimmungstip: Die Die Behaarung der Unterseite der großen Blätter ist abwischbar. Das Adernetz ist weitmaschig.

Wasserdost, Wasserhanf
Eupatorium cannabinum
Korbblütengewächse
Aussehen: Kräftige, buschige Pflanze, gesellig bis 150 cm.
Blüten hellrosa bis weißlichrot, selten auch ganz weiß, bestehen aus Röhrenblüten, die zu je 4–6 zu kleinen Blütenköpfen zusammengefaßt sind.
Blütezeit: VII–VIII.
Vorkommen: Sehr häufig an Gräben entlang von Waldwegen, in feuchten Schlägen, Auenwäldern oder Auengebüschen.
Bestimmungstip: Die Zipfel der einzelnen Röhrenblüten sind sehr schmal und heller als die rötlichen Hüllblätter. Wichtige Falterblume.

Rote Pestwurz

Zur Blütezeit ist der Pestwurz-Blütenstand gerade handhoch. Während der Reifezeit verlängert er sich mindestens auf das Zehnfache, damit seine kleinen Fallschirmfrüchte eine günstige Startposition bekommen.

Gemeines Katzenpfötchen

Rote Pestwurz
Petasites hybridus
Korbblütengewächse
Aussehen: Zur Blütezeit noch ohne Laubblätter, mit bleich und schuppig beblättertem Stengel, bis 30 cm. Blüten rötlich, schmutzig purpurn bis blaßrosa, röhrenförmig, zu mehreren in purpurnen Köpfchen zusammengeschlossen, diese zahlreich zu dichtblütigen Trauben an einem kurzen, kräftigen Schaft. Grüne Blätter erscheinen erst gegen Ende der Blütezeit, werden rhabarberartig groß, etwa 60 cm breit und 100 cm lang.
Blütezeit: III–V.
Vorkommen: Auenwälder, Weiden- und Erlengebüsche, Bachauen.
Bestimmungstip: Die kennzeichnenden Blütenstände sind unverwechselbar. Sie vergrößern sich zur Fruchtzeit auf 70–90 cm Höhe.

Gemeines Katzenpfötchen
Antennaria dioica
Korbblütengewächse
Aussehen: Kleine, kriechende, oft rasenbildende Pflanze, 5–30 cm.
Blüten purpurrot, mit fadenförmigen Zipfeln, eingeschlechtig. Hüllblätter der weiblichen Blüten rötlich, der männlichen rosaweißlich. Stengel aufrecht, wollig behaart, unverzweigt, dick. Blätter auf der Unterseite weißfilzig, spatelig-lanzettlich.
Blütezeit: V–VIII.
Vorkommen: Verbreitet bis häufig in Heiden und lichten Kiefernwäldern auf mageren Sandböden, auch in Magerrasen.
Bestimmungstip: Erinnert an ein sehr kleines, rötlich überlaufenes Edelweiß. Die Stengelblätter sind einnervig.

Baldrian- und Kardengewächse

Berg-Baldrian

Wald-Witwenblume

Vergrößerte Randblüten lassen den körbchenartigen Blütenstand der Witwenblume wie eine besonders üppige Einzelblume aussehen.

Berg-Baldrian

Valeriana montana
Baldriangewächse
Aussehen: Kleine, mitunter rasenbildende Pflanze, bis 50 cm.
Blüten rötlich-lila bis rosaweiß, fünfzipflig, zahlreich in einer kopfigen Scheindolde zusammengedrängt, die wie ein vielteiliger Blütenkopf aussieht. Stengel aufrecht, sonst unverzweigt, behaart oder kahl, mit mehreren gegenständigen Blattpaaren.
Blütezeit: IV–VIII.
Vorkommen: Bevorzugt in feinerdereichen Kalkschuttfluren im Saum von Gebüschen und in lichten Gebirgswäldern. In den Alpen bis 2300 m.
Bestimmungstip: Von den 3–7 Blattpaaren des Stengels sind die mittleren immer am längsten.

Wald-Witwenblume

Knautia dipsacifolia
Kardengewächse
Aussehen: Mittelgroß, etwas buschig, locker verzweigt, 40–100 cm.
Blütenköpfe rotviolett oder lila, 3–4 cm breit,bestehen aus zahlreichen, dicht kopfig gedrängten Einzelblüten mit vierteiliger Krone. Blätter gegenständig, ganzrandig oder wenig gesägt, lanzettlich.
Blütezeit: VI–IX.
Vorkommen: Saum von Auenwäldern, Schluchtwälder, schattige Waldwege. Vor allem im Bergland.
Bestimmungstip: Die Blütenköpfe sind auffallend flach, die Blätter lebhaft grün und niemals tief fiederspaltig wie bei der sonst ähnlichen **Wiesen-Witwenblume** *(Knautia arvensis)*. Der Stengel fühlt sich unten ziemlich rauh an.

Türkenbund-Lilie

Die hängenden Lilien-Blüten sind so ölglatt, daß sie Insekten kaum Halt bieten. Bestimmte Falter, vor allem die Schwärmer, können dagegen im Schwirrflug vor der Blüte stehen und ihr Angebot ausbeuten.

Türkenbund-Lilie

Türkenbund-Lilie

Lilium martagon
Liliengewächse
Aussehen: Mittelgroße, aber sehr auffällige Pflanze, bis 60 cm hoch. Blüten fleischrot oder hellrot, mit braunroten Flekken, auf abwärts gebogenen Blütenstielen. Blütenblätter 3–6 cm lang, immer nach rückwärts umgerollt, so daß die sechs orangegelben bis purpurbraunen Staubblätter ganz im Freien stehen. Sie bilden zur Blütenhülle einen sehr eigenartigen Farbkontrast. Blüten zu 3–20 in endständiger, allseitswendiger Traube, oft mit mehreren Etagen. Stengel aufrecht und unverzeigt, kräftig und drehrund, grün oder rötlich gefleckt, beblättert. Blätter kahl oder nur auf der Unterseite ganz schwach behaart, an beiden zugespitzt, mit parallel verlaufenden Blattnerven, in der Stengelmitte quirlig angeordnet, darüber und darunter einzeln. Geschützt!
Blütezeit: VI–VIII.
Vorkommen: Krautreiche Buchenwälder, lichte Nadelwälder, Gebüsche und Hochstaudenbestände auf sickerfeuchten, nährstoffreichen Böden, vor allem in Kalkgebieten. Vor allem in den Alpen, im Mittelgebirge selten.
Bestimmungstip: Auf Waldwiesen und an Gebüsch- oder Waldrändern der Gebirge Mittel- und Südeuropas findet man, zusammen mit dem Türkenbund, mitunter auch die **Feuer-Lilie** *(Lilium bulbiferum)*. Sie trägt einzelne oder Gruppen bis fünf orangerote, trichterförmig nach oben geöffnete Blüten am Ende des unverzweigten Stengels.

Rauten- und Rachenblütengewächse

Diptam

Schuppenwurz

Die Schuppenwurz gehört zu den eigenartigsten Blütenpflanzen der heimischen Flora. Sie besitzt nicht die Spur von Blattgrün und ernährt sich als Schmarotzer durch Anzapfen von Laubbaumwurzeln.

Diptam

Dictamnus albus
Rautengewächse
Aussehen: Kräftig, stattlich, oft etwas buschig, einzeln oder in Gruppen, 50–100 cm.
Blüten mit fünf rosaroten Kronblättern mit dunkelpurpurner Aderung. Ein Kronblatt weist immer genau nach oben, je zwei sind recht und links davon angeordnet. Blüten zahlreich in endständigen Trauben. Stengel aufrecht, im Blütenstand purpurn. Blätter wechselständig, einfach gefiedert, drüsig punktiert. Geschützt!
Blütezeit: V–VI.
Vorkommen: Meist im Saum trockener, sonniger Eichen-Hainbuchenwälder oder lichter Kiefernwälder und auf Felshängen.
Bestimmungstip: Alle Teile der Pflanze duften intensiv nach Zitrone.

Schuppenwurz

Lathraea squamaria
Rachenblütengewächse
Aussehen: Bleichrosa gefärbt, seltener weißlich, meist gesellig, 10–25 cm.
Blüten rosenrot oder weißlich-rosa, zweilippig, sehr zahlreich in dichter, einseitswendiger Traube am Ende der Stengel. Grüne Blätter fehlen, statt dessen kommen bleiche, blattartige Schuppen vor. Stengel liegend oder aufsteigend.
Blütezeit: IV–V.
Vorkommen: Auenwälder, Schluchtwälder mit Vorkommen der Wirtsarten (Pappel, Erle, Ulme, Hasel, Buche).
Bestimmungstip: Wegen der bleichen Rachenblüten nicht mit der am gleichen Standort vorkommenden Pestwurz (→ Seite 69) zu verwechseln.

Roter Fingerhut

Die eigenartigen Flecken am Blüteneingang des Roten Fingerhutes sind Staubblattattrappen, die hungrige Insekten (vor allem Hummeln) zum Besuchen und Bestäuben einladen sollen. Die Blüten sind so groß, daß auch eine sehr dicke Hummel komplett darin verschwindet.

Roter Fingerhut

Roter Fingerhut

Digitalis purpurea
Rachenblütengewächse
Aussehen: Auffällige, sehr stattliche Pflanze, meist in größeren Gruppen, aber auch einzeln, 50–150 cm. Blüten fingerhutförmig und auch ungefähr ebenso groß, purpurrot, seltener blaßrosa oder ganz weiß, innen mit markanten dunkelpurpurnen, weiß umrandeten Flecken. Blütenkrone hornförmig aufgebogen, bis 6 cm lang, außen kahl, innen mit einzelnen, sehr langen Haaren. Die Blüten sind sehr zahlreich zu einer einseitswendigen, immer zum einfallenden Licht (Mittagsseite) ausgerichteten Traube zusammengefaßt, die von unten nach oben aufblüht und sich während der wochenlangen Blütezeit auch noch ständig verlängert. Stengel aufrecht, meist einfach, gelegentlich aber auch kandelaberartig verzweigt, vor allem nach Verbiß, etwas kantig, sehr kräftig, graufilzig. Grundblätter in großer Rosette, bis 30 cm lang, zungenförmig, mit kräftiger Mittelrippe, etwas runzelig. Stengelblätter nach oben kürzer gestielt bis sitzend. Der Rote Fingerhut enthält zahlreiche herzwirksame Giftstoffe!
Blütezeit: VI–VIII.
Vorkommen: Charakterpflanze von Schlagfluren und Waldlichtungen, vor allem an den Rändern von Buchenwäldern, auch an Fichtenforsten oder in Laubmischwäldern. Vor allem im westlichen Mitteleuropa weit verbreitet.
Bestimmungstip: Die gelben, purpurn gefleckten Staubbeutel liegen an der Oberseite der glockigen Kronröhren.

Hohler Lerchensporn

Gefingerter Lerchensporn

Nur sehr geschickte und kräftige Blütenbesucher wie die Hummeln können die Lerchensporn-Blüten öffnen, um an die Nektarvorräte im gebogenen Sporn zu gelangen. Die Blüten besitzen eine sehr ungewöhnliche und geradezu ausgefallene Blütensymmetrie.

Hohler Lerchensporn
Corydalis bulbosa
Erdrauchgewächse
Aussehen: Kleine, meist gesellig auftretende Pflanze, 10–30 cm. Blüten purpurn oder (gewöhnlich im gleichen Bestand) auch weiß oder gelblich, mit zwei äußeren Kronblättern, von denen eines nach rückwärts spornartig ausgezogen und nach vorne zur Oberlippe verbreitert ist, 2–3 cm lang, zu 10–20 in endständiger, einseitswendiger Traube. Stengel aufrecht und unverzweigt, meist nur mit zwei Blättern, diese doppelt dreizählig geteilt, kahl, blaugrün.
Blütezeit: III–V.
Vorkommen: Eichen-, Buchen- und Auenwälder.
Bestimmungstip: Die Tragblätter der Einzelblüten sind ganzrandig und ungeteilt.

Gefingerter Lerchensporn
Corydalis solida
Erdrauchgewächse
Aussehen: Kleine, meist gesellige Pflanze, 15–30 cm. Blüten trübrot bis violettpurpurn, seltener auch gelb oder reinweiß, bis 2,5 cm lang, mit langem, ziemlich geradem oder leicht nach oben gebogenem Sporn, zahlreich in lockerer, überwiegend einseitswendiger Traube. Stengel aufrecht, am Grunde mit einem schuppenförmigen Blatt.
Blütezeit: III–V.
Vorkommen: Seltener als der Hohle Lerchensporn, in krautreichen Laubwäldern, z.B. Buchenwäldern oder in Gebüschen auf sauren, sandigen Böden.
Bestimmungstip: Die Tragblätter der Einzelblüten sind tief fingerförmig geteilt, die Blätter grasgrün.

Frühlings-Platterbse

Frühlings-Platterbse
Lathyrus vernus
Schmetterlingblütengewächse
Aussehen: Klein, liegend oder aufsteigend, nicht rankend, 20–40 cm.
Blüten anfangs purpurn, später violett-rötlich oder blau bzw. fahlgrün umfärbend, manchmal sogar weiß, zu 3–8 in aufrechten, blattachselständigen Trauben. Stengel unverzweigt, einfach, ohne breite Flügelsäume. Blätter mit 2–3 Fiederpaaren, ohne Ranke, aber mit endständiger Grannenspitze.
Blütezeit: IV–V.
Vorkommen: Eichen-Hainbuchenwälder, Buchenwälder, Nadelmischwälder, von der Ebene bis ins Gebirge.
Bestimmungstip: Die Blätter sind immer ohne Ranken, ihre Fiedern sind lang zugespitzt, 1–3 cm breit und unterseits glänzend.
Die ähnliche **Berg-Platterbse** *(Lathyrus montanus)* ist meist liegend oder aufsteigend, 15–30 cm hoch. Blüten anfangs hellpurpurn, später trübrot bis bläulich, zu 4–6 in lockerer, einseitswendiger Traube in den oberen Blattachseln. Stengel sehr schmal geflügelt, nicht rankend. Blätter wechselständig, mit 2–3 Fiederpaaren, ohne Endranke. Fiedern schmal-lanzettlich, unterseits bläulichgrün. Sie kommt in Eichenwäldern und Eichen-Hainbuchenwäldern, an Waldwegen und auf Lichtungen, auf nährstoffarmem, meist saurem Boden vor und fehlt im Tiefland. Im Unterschied zur Frühlings-Platterbse ist der Stengel leicht geflügelt. Die wechselständigen Blätter sind manchmal wintergrün.

Aronstabgewächse

Aronstab, Blütenstand

Aronstab, Fruchtstand

Die Innenseite des auffälligen Hochblattes des Aronstabes ist durch Wachsbelag so unglaublich spiegelglatt (Fingerprobe!), daß unvorsichtige Besucher (Schmetterlingsfliegen) unweigerlich abstürzen und in den unten liegenden Fangkessel gelangen. Dieses Kidnapping steht im Dienst der Bestäubungssicherung.

Aronstab

Arum maculatum

Aronstabgewächse

Aussehen: Klein bis mittelgroß, ziemlich auffallend, meist gesellig, 20–40 cm. Der Blütenstand besteht aus einem großen, tütenförmigen, hellgrünen und manchmal leicht purpurn überlaufenen Hochblatt, das man auch Blütenscheide oder Spatha nennt. Es umschließt einen ungefähr fingerlangen, dunkelpurpurnen Kolben, dessen obere Hälfte aus der Blütenscheide vorschaut, während der untere Teil in einem vom Hochblatt gebildeten Kessel steckt. Im Kessel befinden sich am Kolben oben die männlichen, nur aus sehr kurzen Staubblättern bestehenden Blüten, darunter eine größere Anzahl weiblicher Blüten, die nur aus grünlich-gelben Fruchtknoten bestehen. Im Kessel fangen sich, angelockt von Duft- und Wärmeproduktion des oberen Kolbenteils, Schmetterlingsfliegen, um die Bestäubung zu vollziehen (→ Seite 23). Alle Blätter sind grundständig, langgestielt, netznervig und pfeilförmig, oberseits glänzend dunkelgrün und manchmal dunkelpurpurn gefleckt, auf der Unterseite matt und hellgrün.

Alle Teile der Pflanze sind giftig, vor allem die korallenroten Beeren, die während des Sommers reifen.

Blütezeit: IV–V.

Vorkommen: Buchenwälder, Auenwälder, Laubmischwälder, auf nährstoff- und humusreichen Böden.

Bestimmungstip: Die einzigartigen Blütenstände des Aronstabes und seine dunkelgrünen Pfeilblätter sind unverwechselbar.

Gefleckte Taubnessel

Gefleckte Taubnessel
Lamium maculatum
Lippenblütengewächse
Aussehen: Mittelgroß, meist sehr gesellig, 30–70 cm.
Blüten purpurn, mit aufwärts gebogener Krone, 2–3 cm lang, Unterlippe dunkler gefleckt, Oberlippe helmartig gewölbt. Blüten zu mehreren in Quirlen im oberen Stengelabschnitt zwischen Laubblättern. Stengel vierkantig, aufrecht oder aufsteigend. Blätter kreuzgegenständig, bis 7 cm lang, gezähnt, gestielt, beim Zerreiben von dumpfem Geruch.
Blütezeit: IV–IX.
Vorkommen: Ziemlich häufig in Auengebüschen, an Waldwegen, auf Waldlichtungen und in Krautsäumen.
Bestimmungstip: Bei der ähnlichen **Roten Taubnessel** *(Lamium purpureum)* sitzen die höchstens 1,5 cm langen Blüten pyramidenförmig am oberen Stengelende. Blätter kleiner.
Der **Wirbeldost** *(Clinopodium vulgare)* ist mittelgroß und kommt einzeln oder in Gruppen vor, 30–60 cm. Blüten hellpurpurn, 1–1,5 cm lang, zu 10–20 quirlartig dicht zwischen den oberen Blattpaaren, meist bis zu vier Quirle etagenförmig übereinander. Stengel aufrecht oder aufsteigend, rauh zottig behaart. Blätter kreuzgegenständig, 2–4 cm lang, undeutlich gekerbt, fast ganzrandig, eiförmig, ungestielt, behaart. Wächst auf lichten, grasigen Stellen in Eichenmischwäldern und Kiefernwäldern, an sonnigen Wegrändern und in Gebüschen. Bevorzugt Lehm- und Tonböden.

Wald-Ziest

Die weit nach unten hängende Unterlippe der Ziest-Blüten ist mit ihren Fleckenmustern ein wichtiges Werbeorgan und zugleich der Landeplatz der Blütenbesucher.

Heil-Ziest

Wald-Ziest
Stachys sylvatica
Lippenblütengewächse
Aussehen: Klein bis mittelgroß, einzeln oder in Gruppen, 30–120 cm. Blüten dunkelrot oder purpurn, mit hellerer Zeichnung vor allem auf der ausgebreiteten Unterlippe, Kronröhre gerade, doppelt so lang wie der dunkelpurpurne Kelch. Bis zu sechs Blüten stehen auf einer Etage in Scheinquirlen zusammen, mehrere Etagen bilden am Stengelende einen ährenartigen Blütenstand. Blätter gegenständig, langgestielt, dicht abstehend und etwas rauh behaart, herzförmig.
Blütezeit: VI–VIII.
Vorkommen: Auenwälder, Laubmischwälder und an feuchten Waldwegen.
Bestimmungstip: Die Pflanze riecht beim Zerreiben unangenehm.

Heil-Ziest
Stachys officinalis
Lippenblütengewächse
Aussehen: Klein bis mittelgroß, gesellig, 30–60 cm. Blüten kräftig rot bis hellpurpurn, mit gerader Kronröhre und gerade vorgestreckter Oberlippe, zahlreich in dichten, nicht von größeren Tragblättern unterbrochenen Scheinähren. Stengel aufrecht, vierkantig, meist unverzweigt. Grundblätter in Rosette. Stengelblätter schmal-oval, gekerbt, rauhhaarig.
Blütezeit: VI–VIII.
Vorkommen: Eichen-Hainbuchenwälder, Laubmischwälder, magere Waldwiesen, Lichtungen, trockene Wegsäume.
Bestimmungstip: Die dicht gedrängten Blütenquirle sind sehr typisch.

Breitblättrige Sumpfwurz

Breitblättrige Sumpfwurz

Rotes Waldvögelein

Breitblättrige Sumpfwurz
Epipactis helleborine
Orchideengewächse
Aussehen: Kräftige, auffallende Pflanzen, meist einzeln, 40–90 cm.
Blüten rosa oder rötlich bis grünrötlich, hängen leicht nach unten, ohne Blütensporn, Lippe weiß und rötlich geadert, Hüllblätter immer heller, zu mehreren in einseitswendiger, ziemlich lockerer Traube. Stengel aufrecht oder gebogen, unverzweigt, drehrund. Blätter wechselständig, dunkelgrün.
Blütezeit: VI–VIII.
Vorkommen: Eichenmischwälder, Buchenwälder, auch in Nadelforsten.
Bestimmungstip: Im Verbreitungsgebiet der Breitblättrigen Sumpfwurz kommen weitere recht ähnliche Arten vor, die jedoch eindeutig grüne, weiße oder braune Lippen tragen.

Rotes Waldvöglein
Cephalanthera rubra
Orchideengewächse
Aussehen: Klein bis mittelgroß, gewöhnlich nur einzeln, 30–50 cm.
Blüten einfarbig hellpurpurn, ohne Sporn. Lippe läuft spitz zu, ist ungefähr so groß wie die Hüllblätter. Stengel aufrecht, mitunter etwas bogig gewachsen, im oberen Teil kurzhaarig. Stengelblätter hellgrün, lanzettlich, zugespitzt.
Blütezeit: V–VII.
Vorkommen: Ziemlich selten in Buchenwäldern, Eichenmischwäldern oder auch in Fichtenbeständen, in Kalkgebieten, fehlt im nordwestlichen Tiefland.
Bestimmungstip: Durch die einheitlich rote Blüte, die sich sehr weit öffnet, mit keiner anderen heimischen Art zu verwechseln.

Blütenfarbe

Weiß

Nach streng physikalischen Maßstäben ist Weiß eigentlich gar keine eigenständige Blütenfarbe. Das strahlende Blütenweiß mancher Waldblumen kommt dadurch zustande, daß ganz winzige Lufteinschlüsse im Blütenblattgewebe wie ein blankpolierter Spiegel wirken und alles auftreffende Sonnenlicht einfach wieder zurückwerfen. Nur wenn die Kronblätter einen ganz zarten Hauch von Rosa auftragen oder zusätzlich ein wenig Gelb verwenden, wird das reine Blütenweiß gebrochen. Im Waldesdunkel ist Weiß eine der erfolgreichsten Blütenfärbungen. Selbst nach eingebrochener Dunkelheit können sich die nachtaktiven Falter an den hell schimmernden Flecken orientieren.

Der Wald-Geißbart trägt große, reichblütige Rispen. Er wird auch gerne im Garten verwendet.

Gemeine Knoblauchsrauke

Weiße Zahnwurz

Der charakteristische Knoblauchgeruch der Knoblauchsrauke geht auf sogenannte Senfölglykoside zurück – eine Gruppe scharf schmeckender Naturstoffe, die bei den Kreuzblütengewächsen in vielerlei Abwandlung vorkommen.

Gemeine Knoblauchsrauke

Alliaria petiolata
Kreuzblütengewächse
Aussehen: Mittelgroß, schlank, meist in Gruppen, 20–100 cm.
Blüten reinweiß, bis 6 mm breit, zu mehreren in einer dicht gedrängten Blütentraube am oberen Stengelende. Stengel aufrecht. Blätter gestielt, wechselständig, unregelmäßig buchtig gekerbt, frischgrün. Blütenstand verlängert sich während der Fruchtreife zu einer lockeren Traube mit Schoten.
Blütezeit: IV–VI.
Vorkommen: Ziemlich häufig in Buchenwäldern, an Waldwegen, auf Schlägen oder in Gebüschen. Nur bis in mittlere Höhen um 900 m.
Bestimmungstip: Alle Teile riechen beim Zerreiben intensiv nach Knoblauch.

Weiße Zahnwurz

Dentaria enneaphyllos
Kreuzblütengewächse
Aussehen: Klein, meist in Gruppen, 20–30 cm.
Blüten weißlichgelb bis cremeweiß, mit gelblich gefärbten Kelchblättern, zu mehreren (meist 5–10) in einer gedrängten Traube auf gebogenem Stiel. Stengel aufrecht, unverzweigt. Stengelblätter immer zu dritt, dreizählig gefingert, glänzend dunkelgrün.
Blütezeit: IV–V.
Vorkommen: Ziemlich selten, vor allem in Buchenwäldern und in Tannen-Fichten-Bergwäldern, nur im Bayerischen Wald und in den Alpen.
Bestimmungstip: Der aus dem Blattquirl hervorschauende und bogig überhängende Blütenstand ist unverwechselbar.

Bitteres Schaumkraut

Spring-Schaumkraut

Das Spring-Schaumkraut ist ein geschickter Artillerist unter den heimischen Blütenpflanzen. Durch explosive Öffnung der reifen Schoten streut es seine zahlreichen Samen weit aus.

Bitteres Schaumkraut

Cardamine amara
Kreuzblütengewächse
Aussehen: Klein bis mittelgroß, 15–50 cm.
Blüten reinweiß oder selten auch leicht rötlich überlaufen, mit purpurvioletten Staubbeuteln, zu mehreren in einer dicht gedrängten Traube am Stengelende. Stengel fünfkantig und markig. Blätter wechselständig. Grundblätter unpaarig gefiedert mit vier oder fünf Fiederpaaren. Fiedern länglich-oval, ganzrandig oder fiederschnittig.
Blütezeit: IV–VI.
Vorkommen: Auenwälder, Schluchtwälder, Erlenbrücher, feuchte Gebüsche und Gräben. Von der Ebene bis ins Gebirge.
Bestimmungstip: Die Blätter schmecken scharf wie die der verwandten Brunnenkresse, aber deutlich bitterer.

Spring-Schaumkraut

Cardamine impatiens
Kreuzblütengewächse
Aussehen: Klein, oft in Gruppen, 10–30 cm.
Blüten reinweiß, in dichten Trauben. Kronblätter schmal, 3–5 mm lang, werden nicht radförmig ausgebreitet, sondern stehen aufrecht, können teilweise auch fehlen. Stengel aufrecht, wenig verzweigt. Blätter mit pfeilförmigem Blattgrund, gefiedert. Fiedern gestielt und drei- bis fünflappig.
Blütezeit: IV–VII.
Vorkommen: Schluchtwälder, feuchte Laub- oder Nadelmischwälder.
Bestimmungstip: Die reifen, bis 3 cm langen Schoten sind Springfrüchte, die sich auf Berührung sehr plötzlich explosionsartig öffnen.

Waldmeister

Waldmeister
Galium odoratum
Rötegewächse
Aussehen: Klein, oft teppichartig dicht, dünnstengelig, 10–30 cm. Blüten reinweiß, bis 5 mm breit, mit trichterförmiger Krone und vier ausgebreiteten Kronzipfeln, zahlreich in lockeren, doldenartigen Rispen. Stengel aufrecht, etwas kantig. Blätter lanzettlich, zu 6–8 in Quirlen.
Blütezeit: IV–V.
Vorkommen: Buchenwälder, Laubmischwälder, ziemlich häufig von der Ebene bis ins Gebirge.
Bestimmungstip: Das charakteristische Waldmeisteraroma entwickelt sich (unabhängig von der Blütezeit) erst beim Welken oder Trocknen. Das **Wald-Labkraut** *(Galium sylvaticum)* kommt an ähnlichen Stellen vor, ist aber bläulichgrün, rundstengelig und meist höher (30–140 cm). Seine reinweißen, seltener auch leicht gelblichen Blüten stehen in sehr locker ausgebreiteten, großen Rispen. Es duftet beim Trocknen oder Welken nicht.

Kletten-Labkraut
Galium aparine
Rötegewächse
Aussehen: Mittelgroß, fast immer gesellig, bis 150 cm. Blüten reinweiß, sehr klein, zu mehreren in dichten Trauben in den Achseln der oberen Stengelblätter. Stengel vierkantig, schlaff mit quirlständigen Blättern.
Blütezeit: V–X.
Vorkommen: Schluchtwälder, Gebüsche, Krautfluren an Waldrändern.
Bestimmungstip: Alle Teile der Pflanze haften wie eine Klette.

Kletten-Labkraut

Rundblättriges Labkraut

Nordisches Labkraut

Rundblättriges Labkraut
Galium rotundifolium
Rötegewächse
Aussehen: Klein, meist niederliegend, 10–25 cm. Blüten reinweiß, bis 3 mm breit, in lockeren, weitständig verzweigten Rispen. Stengel sehr schlaff und daher meist liegend oder wenig aufsteigend. Blätter jeweils zu viert an einem Quirl, breit elliptisch, 1–2 cm lang.
Blütezeit: VI–IX.
Vorkommen: Zerstreut in sehr moosreichen Fichten-Tannenwäldern und in Fichtenforsten. Nur im natürlichen Verbreitungsgebiet der Tanne in höheren Gebirgslagen.
Bestimmungstip: Blattrand und Blattnerven der Unterseite zerstreut borstig behaart. Frucht mit Widerhaken besetzt. Typisch und unverwechselbar sind die vier rundlich-ovalen Quirlblätter.

Nordisches Labkraut
Galium boreale
Rötegewächse
Aussehen: Klein bis mittelgroß, aufrecht, oft gesellig, 20–50 cm.
Blüten reinweiß, mit kurzer Kronröhre und ausgebreiteten Kronzipfeln, zahlreich in endständigen, reichverzweigten Rispen. Stengel aufrecht, kantig. Blätter schmal-lanzettlich, aber ohne Stachelspitze.
Blütezeit: VII–VIII.
Vorkommen: Vor allem in Auenwäldern und feuchtem Auengebüsch, auch in wechseltrockenen Eichen- und Kiefernwäldern. Fehlt im nordwestlichen Tiefland.
Bestimmungstip: Kennzeichnend sind die lederigen Blätter in Viererquirlen und die aufrechte Rispe.

Große Sternmiere

Hain-Sternmiere

Die Sternmieren-Blüten sind eindrucksvolle Beispiele für den streng gesetzmäßigen Aufbau von Blüten: Zur besseren Raumausnutzung stehen die Blattorgane (Kelch-, Kron- und Staubblätter) immer wechselseitig auf Lücke, so daß eine regelmäßige Sternfigur entsteht.

Große Sternmiere

Stellaria holostea
Nelkengewächse
Aussehen: Klein bis mittelgroß, meist in Gruppen, 15–40 cm.
Blüten reinweiß, bis 2 cm breit. Die fünf Kronblätter sind doppelt so lang wie die schmalen Kelchblätter und bis zur Mitte gespalten. Staubblätter gelb. Stengel aufrecht oder aufsteigend, wenig verzweigt, vierkantig. Blätter schmallanzettlich, gegenständig, sitzend, vorne spitz, hellgrün.
Blütezeit: IV–V.
Vorkommen: Sehr häufig in Buchenwäldern, Eichen-Hainbuchenwäldern oder in Mischwäldern, seltener dagegen in Nadelforsten, oft auch an Waldwegen.
Bestimmungstip: Typisch sind die recht großen, sternförmigen Blüten, deren Krone deutlich größer ist als der Kelch.

Hain-Sternmiere

Stellaria nemorum
Nelkengewächse
Aussehen: Zierlich, schlaff, meist einzeln oder in kleineren Gruppen, 10–50 cm. Blüten reinweiß. Die fünf Kronblätter sind deutlich länger als der Kelch und fast bis zum Grund gespalten, so daß die Krone zehnblättrig aussieht. Stengel rund, behaart, sehr zerbrechlich, nur wenig verzweigt. Blätter gegenständig, am Grunde breit-herzförmig, nach vorne lang zugespitzt.
Blütezeit: V–IX.
Vorkommen: Auenwälder, Erlenbestände an Bächen, feuchte Waldwege und Gebüsche. Ziemlich häufig.
Bestimmungstip: Die Pflanze sieht etwas gläsern zerbrechlich aus und trägt

Wald-Sauerklee

meist nur wenige Blüten. Ähnlich ist die **Quell-Sternmiere** *(Stellaria alsine)*. Der Stengel ist vierkantig. Die reinweißen Kronblätter sind sehr tief bis zum Grund geteilt und wesentlich kürzer als der Kelch.
Am gleichen Standort kommt die **Dreinervige Nabelmiere** *(Moehringia trinervia)* vor. Ihre Blütenkronen sind sehr klein und deutlich kürzer als der Kelch, die Blätter kurzgestielt, mit drei Längsnerven. Alle Teile der Pflanze sind leicht behaart.

Wald-Sauerklee

Oxalis acetosella
Sauerkleegewächse
Aussehen: Klein, zart, manchmal in lockeren Rasen, 5–15 cm.
Blüten bis 2,5 cm breit, weiß mit purpurnen Längsadern, am Grunde mit kräftig gelbem Fleck und 10 gelben Staubblättern, einzeln auf langen Blütenstielen, die in der Mitte ein winziges rötliches Schuppenblatt tragen. Blätter grundständig, kleeblattartig dreiteilig, hellgrün, schmecken leicht säuerlich.
Blütezeit: IV–V.
Vorkommen: Sehr häufig und weit verbreitet in Buchenwäldern, Eichenmischwäldern, auch in Nadelbeständen (Forsten) und Gebüschen, ausgeprägte Schattenpflanze. Von der Ebene bis ins Gebirge. In den Alpen bis knapp 2000 m.
Bestimmungstip: Die auffälligen hellgrünen Kleeblätter schließen sich in der Dunkelheit, bei stärkerer Besonnung und nach mehrfacher Berührung. Zu dieser Pflanze gibt es in den Wäldern keine Verwechslungsarten.

Wald-Erdbeere, Blüten

Erdbeer-Fingerkraut

Wald-Erdbeere, Früchte und Blüten

Wald-Erdbeere und Erdbeer-Fingerkraut sind zwei täuschend ähnliche Arten am gleichen Standort – vielleicht ein Fall von gegenseitiger Blütennachahmung zur Anlockung von Bestäubern, die bei der jeweils anderen Art bereits erfolgreich waren. Zur Fruchtzeit dagegen ist jeder Irrtum ausgeschlossen.

Wald-Erdbeere

Fragaria vesca
Rosengewächse
Aussehen: Klein, niedrigwüchsig, 5–25 cm. Blüten reinweiß mit Büscheln gelber Staubblätter. Die Kronblätter sind vorne abgerundet und so breit, daß man von oben die grünen Kelchblätter nicht sehen kann (Unterschied zum Erdbeer-Fingerkraut). Blätter grundständig, langgestielt, dreiteilig. Fiedern gezähnt, Endfieder ganz kurzgestielt, Seitenfiedern sitzen. Endzahn kleiner als die übrigen Blattzähne.
Blütezeit: V–VI.
Vorkommen: Vor allem an lichten Stellen verschiedener Laub-, Misch- oder Nadelwälder, an Wegen und Waldrändern.
Bestimmungstip: Die weißen, runden Kronblätter decken sich an ihren Rändern lückenlos.

Erdbeer-Fingerkraut

Potentilla sterilis
Rosengewächse
Aussehen: Erdbeerähnlich, klein, nicht in Rosetten, 5–10 cm. Blüten reinweiß, bis 1,5 cm breit, auf langen Blütenstielen. Die Kronblätter sind vorne eingebuchtet und so schmal, daß man von oben die grünen Kelchblätter sehen kann. Stengel liegend oder aufsteigend, beblättert. Blätter gestielt, dreiteilig, behaart.
Blütezeit: IV–V.
Vorkommen: Ziemlich häufig in Eichen-Hainbuchenwäldern, an Waldrändern und Waldwegen, auch an grasigen Rainen. Im Osten nur bis zur Oder.
Bestimmungstip: Die schmalen, herzförmigen Kronblätter überlappen sich an den Rändern nicht.

Einblütiges Moosauge

Die sehr hübschen, aber zunehmend selteneren und besonders schützenwerten Wintergrüngewächse sind immergrün und besitzen auffallend derbe und dickliche Blätter.

Rundblättriges Wintergrün

Einblütiges Moosauge
Moneses uniflora
Wintergrüngewächse
Aussehen: Kleine, außerhalb der Blütezeit unauffällige Pflanze, 5–20 cm. Blüten reinweiß, bis 2,5 cm breit, mit angenehmem Duft, einzeln auf langem, kräftigem Blütenstiel, der sonst nur noch ein winziges Schuppenblatt trägt. Kronblätter ausgebreitet. Griffel sehr groß, ragt weit heraus, trägt eine deutlich fünflappige Narbe. Blätter gestielt, in Rosetten, lederig, rundlich-spatelig, nicht glänzend, immergrün.
Blütezeit: V–VII.
Vorkommen: Fichtenwälder, Tannen-Fichtenwälder, Kiefernwälder, auf sickerfrischem, moosigem Boden. Nicht allzu häufig.
Bestimmungstip: Die einzelne, große Blüte ist unverwechselbar.

Rundblättriges Wintergrün
Pyrola rotundifolia
Wintergrüngewächse
Aussehen: Kleine, mit grundständiger Blattrosette, 15–25 cm.
Blüten weiß, selten leicht rötlich überlaufen, mit offener, glockiger Krone und abstehenden, rötlichen, lanzettlichen Kelchzipfeln, zu mehreren in aufrechten, sehr lockeren Trauben. Blätter kreisrund, etwas lederig, glänzend dunkelgrün, immergrün.
Blütezeit: VI–VII.
Vorkommen: Verbreitet in bodensauren Nadelwäldern, seltener auch in Eichen- oder Buchenwäldern, vorwiegend auf Torf- und Lehmböden. Von der Ebene bis ins Gebirge.
Bestimmungstip: Wegen der 2,5–5 cm breiten, kreisrunden Blätter nicht zu verwechseln.

Geißblatt- und Steinbrechgewächse

Nordisches Moosglöckchen

Rundblättriger Steinbrech

Dem zarten Moosglöckchen sieht man es auf den ersten Blick nicht an, daß es in die engste Verwandtschaft von Holunder, Schneeball und anderen Sträuchern gehört. Tatsächlich ist es keine krautige Pflanze, sondern ein winziger Zwergstrauch.

Nordisches Moosglöckchen

Linnaea borealis
Geißblattgewächse
Aussehen: Zierlicher, kriechender, teppichbildender Zwergstrauch, 5–15 cm. Blüten reinweiß oder ganz hellrosa, fünfzipflig, glockig, innen leicht behaart, ungefähr 10 mm lang, mit vier Staubblättern, abwärts geneigt, gestielt zu zweit auf langem, dünnem Blütenstiel. Stengel verholzt, niederliegend, kriecht mehrere Meter weit, drüsig behaart. Blätter gegenständig, breitoval, lederig.
Blütezeit: VII–VIII.
Vorkommen: Fichtenwälder, Kiefernwälder, Lärchenbestände, zwischen Moosrasen. Vor allem in Nordeuropa und in den Alpen.
Bestimmungstip: Kennzeichnend sind die zweiblütigen Blütenstände auf den fadendünnen Stielen.

Rundblättriger Steinbrech

Saxifraga rotundifolia
Steinbrechgewächse
Aussehen: Mittelgroße, oft gesellige Pflanze, 20–70 cm. Blüten reinweiß, mit fünf sehr schmalen Kronblättern, zu mehreren in sehr lockeren Rispen. Grundblätter in Rosetten, langgestielt, rundlich mit herzförmigem Grund. Stengelblätter kleiner und einfacher.
Blütezeit: VI–IX.
Vorkommen: Ziemlich häufig in Bergmischwäldern, in feuchten Gebüschen und Hochstaudenfluren mit Farnen. Vor allem in den Alpen.
Bestimmungstip: Wegen der nahezu kreisrunden und auffallend langstieligen Blätter nicht mit anderen Steinbrech-Arten zu verwechseln.

Baldrian- und Seidenpflanzengewächse

Echter Baldrian

Weiße Schwalbenwurz

Echter Baldrian

Valeriana officinalis
Baldriangewächse
Aussehen: Große, kräftige, sehr auffallende Pflanze, 60–170 cm.
Blüten sehr klein, weißlich, hellrosa, manchmal auch fleischrot, zahlreich in großen, endständigen, häufig schirmförmig ausgebreiteten Rispen (keine Dolden!). Stengel aufrecht, nur im Blütenstand verzweigt. Blätter gegenständig, unpaarig gefiedert, mit 5–12 Paar Fiedern.
Blütezeit: VI–VIII.
Vorkommen: Auenwälder, Moorwälder, bachbegleitende Gebüsche, auf sickerfeuchten Böden.
Bestimmungstip: Außer dem rispenförmig aufgebauten Blütenstand sind die gegenständigen Blätter typisch.

Weiße Schwalbenwurz

Vincetoxicum hirundinaria
Seidenpflanzengewächse
Aussehen: Mittelgroße, oft buschige Pflanze, 30–80 cm. Blüten reinweiß oder cremeweiß, knapp 1 cm breit, mit sternförmig ausgebreiteten Kronzipfeln, zu mehreren in rispigen Scheindolden in den Achseln der Stengelblätter. Stengel aufrecht, unverzweigt, flaumig behaart. Blätter gegenständig, kurzgestielt, am Grunde herzförmig, nach vorne lang zugespitzt.
Blütezeit: VI–VIII.
Vorkommen: Lichte Eichenbestände und Kiefernwälder, warme, sonnige Gebüsche und Steinschutt. Vom Tiefland bis in mittlere Gebirgslagen, auch in den Alpen.
Bestimmungstip: Zwischen den Kronblattzipfeln befinden sich kleine Schlitze, die als Klemmfalle wirken.

Rosen- und Hahnenfußgewächse

Wald-Geißbart

Ähriges Christophskraut

Mehrere tausend kleiner Einzelblüten setzen die üppigen Blütenstände des Geißbarts zusammen. Die Pflanze ist zweihäusig – die Blüten sind also rein männlich oder rein weiblich.

Wald-Geißbart

Aruncus dioicus
Rosengewächse
Aussehen: Groß, kräftig, buschig, fast wie ein kleiner Strauch, 90–200 cm. Blüten sehr klein, mit schmalen, ausgebreiteten Kronblättern, zahlreich zu großen, endständigen, rispigen Blütenständen zusammengefaßt. Männliche Blütenstände cremeweiß, weibliche reinweiß. Blätter bis 1 m lang, zwei- oder dreifach gefiedert.
Blütezeit: V–VII.
Vorkommen: Schluchtwälder, schattige Steilhänge, Bachauen im Gebirge, häufig auch Zierpflanze. Fehlt im nördlichen Tiefland, sonst im Bergland bis 1500 m und in den Alpen.
Bestimmungstip: Die üppigen, schmalästigen, sehr reichblütigen Rispen und die großen Fiederblätter sind unverkennbar.

Ähriges Christophskraut

Actaea spicata
Hahnenfußgewächse
Aussehen: Mittelgroße, etwas buschige Pflanze, 40–60 cm.
Blüten reinweiß, mit sehr schmalen, ausgebreiteten Kronblättern, zahlreich in verlängerten Trauben in den Achseln der oberen Stengelblätter oder am Stengelende. Blätter doppelt dreizählig gefiedert. Die anfangs grüne, später glänzend schwarze Beere ist wie alle übrigen Teile giftig.
Blütezeit: V–VII.
Vorkommen: Schluchtwälder, Buchenwälder, schattige Hänge und Gebüsche.
Bestimmungstip: Der charakteristische Geruch zerriebener Blätter und die Blattform sind unverwechselbar.

Busch-Windröschen

Wald-Windröschen

Bei den Windröschen und ihren Verwandten hat man sehr eindrucksvolle Beispiele vor Augen, wie sich die schützenden Kelchblätter aus hoch an die Blüten gerückten Laubblättern entwickelt haben.

Busch-Windröschen

Anemone nemorosa
Hahnenfußgewächse
Aussehen: Klein, meist in Gruppen, 15–20 cm. Blüten mit meist 6 innen reinweißen, außen leicht rötlichen oder violetten, ausgebreiteten Kronblättern, (manchmal auch höhere Kronblattzahl), innen mit einem Büschel gelber Staubblätter. Blätter gestielt, handförmig geteilt, mit grob gezähnten, schmalen Abschnitten, zu dritt in einem Quirl, aus dem der Blütenstiel entspringt.
Blütezeit: III–IV.
Vorkommen: Buchenwälder, krautreiche Laubmischwälder, Nadelwälder, im Bergland auf Wiesen.
Bestimmungstip: Typisch sind die handförmig geteilten, quirlig zusammenstehenden Stengelblätter und die großen, weißen Einzelblüten.

Wald-Windröschen

Anemone sylvestris
Hahnenfußgewächse
Aussehen: Mittelgroß, meist einzeln oder in kleinen Gruppen, 25–40 cm. Blüten reinweiß, 4–7 cm breit, außen behaart, einzeln auf langem Stiel. Außer den Stengelblättern sind im Unterschied zum Busch-Windröschen auch Grundblätter vorhanden. Alle Blätter fingerförmig geteilt, mit mehrspaltigen Abschnitten, voll entfaltet (erst nach der Blütezeit) fast handgroß.
Blütezeit: IV–VI.
Vorkommen: Kiefernwälder, Eichengebüsche, an Waldrändern, Böschungen und Steilhängen.
Bestimmungstip: Die Grundblätter sind während der Entfaltung weiß behaart.

Siebenstern

Siebenstern

Eisenhut-Hahnenfuß

Siebenstern
Trientalis europaea
Primelgewächse
Aussehen: Kleine, zierliche, oft in Gruppen auftretende Pflanze, 10–20 cm. Blüten einzeln auf langen Stielen, mit meist sieben, mitunter aber auch weniger oder mehr reinweißen Kronblättern, bis 1,5 cm breit. Blätter lanzettlich, ganzrandig, unterschiedlich groß, stehen alle in einem dichten Schopf am Stengelende.
Blütezeit: V–VII.
Vorkommen: Fichten- und Kiefernwälder, Moorwälder, fehlt im Mittelgebirge weitgehend, vor allem im Norden und in den östlichen Gebirgen.
Bestimmungstip: Die quirlartig zusammenstehenden Blätter und die großen, weißen, langstieligen Blüten sind unverkennbar.

Eisenhut-Hahnenfuß
Ranunculus aconitifolius
Hahnenfußgewächse
Aussehen: Große, reichästige Pflanze, 60–120 cm. Blüten bis 2 cm breit, mit 5, manchmal aber auch mehr reinweißen, ausgebreiteten Kronblättern, einzeln auf langen Blütenstielen und zu mehreren in lockeren, endständigen Rispen. Stengel aufrecht oder aufsteigend, verzweigt. Grundblätter langgestielt, handförmig geteilt oder gelappt.
Blütezeit: V–VII.
Vorkommen: Schluchtwälder, Bergwälder. Nur im Bergland.
Bestimmungstip: Beim ähnlichen **Platanenblättrigen Hahnenfuß** *(Ranunculus platanifolius)* sind die Mittelabschnitte der Grundblätter bis fast zum Blattstielansatz frei.

Ährige Teufelskralle

So einladend die Steinfrüchte des krautigen Zwerg-Holunders auch aussehen mögen – sie sind im Gegensatz zu den Früchten des Schwarzen Holunders giftig! Als Vogelnahrung sind sie jedoch sehr wertvoll.

Zwerg-Holunder, Attich

Ährige Teufelskralle

Phyteuma spicatum
Glockenblumengewächse
Aussehen: Klein bis mittelgroß, einzeln oder in kleinen Gruppen, 30–60 cm. Blüten cremeweiß oder (vor allem an der Spitze) leicht grünlich, mit krallenartig gebogenen Kronen, zahlreich in länglichen Ähren vom Aussehen besonders großer Einzelblüten. Grundblätter doppelt so lang wie breit, herzförmig, gesägt, langgestielt.
Blütezeit: V–VII.
Vorkommen: Laubmischwälder, Nadelwälder, lichte Bergwälder, Hochstaudenfluren und Bergwiesen. Fehlt im nordwestlichen Tiefland, sonst vor allem im Gebirge.
Bestimmungstip: Die unteren Blätter sind oft schwarz gefleckt. Besonders typisch ist der ährige Blütenstand.

Zwerg-Holunder, Attich

Sambucus ebulus
Geißblattgewächse
Aussehen: Sehr stattliche krautige Pflanze vom Aussehen eines Strauches, 50–150 cm.
Blüten ziemlich klein, reinweiß oder leicht rosa, mit roten, später schwarzpurpurnen Staubbeuteln, zahlreich in großen, bis über 10 cm breiten Schirmrispen. Stengel kräftig, aufrecht. Blätter gegenständig, unpaarig gefiedert. Fiederblätter lanzettlich, fein gesägt. Die schwarzen Früchte sind giftig!
Blütezeit: VI–VIII.
Vorkommen: Auenwälder, Waldschläge, Lichtungen, Waldwege. Von der Ebene bis in mittlere Höhen.
Bestimmungstip: Die Blätter des Zwerg-Holunders riechen beim Zerreiben sehr unangenehm.

Zaun-Giersch, Geißfuß

Wald-Engelwurz

Die Doldenblütengewächse entwickeln die imposantesten Blütenstände aller heimischen Pflanzen. Viele tausend kleine Einzelblüten tragen zum Erscheinungsbild der Wald-Engelwurz bei.

Zaun-Giersch, Geißfuß

Aegopodium podagraria
Doldenblütengewächse
Aussehen: Mittelgroß bis groß, recht buschig, meist gesellig, 30–100 cm. Blüten reinweiß, bis 3 mm breit, zahlreich in leicht gewölbten, 15–20strahligen zusammengesetzten Dolden ohne Hülle oder Hüllchen. Zahlreiche Dolden an den Enden der Haupt- und Seitenzweige. Stengel aufrecht, hohl, verzweigt, kahl. Blätter wechselständig, doppelt dreizählig gefiedert.
Blütezeit: V–VIII.
Vorkommen: Häufig in Auenwäldern, Schluchtwäldern, an Säumen und Waldrändern, in Gärten.
Bestimmungstip: Besonders kennzeichnend sind die dreizähligen, kahlen, ungefleckten, frischgrünen Fiederblätter.

Wald-Engelwurz

Angelica sylvestris
Doldenblütengewächse
Aussehen: Große, buschige Pflanze, 100–200 cm. Blüten reinweiß oder angedeutet rosa, zahlreich in kugeligen Döldchen, die auf 10–20 cm langen, flaumig behaarten Stielen gewölbte Dolden bis 20 cm Breite bilden. Stengel rund, verzweigt, weißbräunlich bereift, kahl. Blätter sehr groß, dunkelgrün, mehrfach gefiedert, mit sehr bauchigen Blattscheiden.
Blütezeit: VII–IX.
Vorkommen: Auenwälder, in Ufergebüschen, Hochstaudenfluren an Gräben und auf Naßwiesen. Von der Ebene bis ins Gebirge.
Bestimmungstip: Die Blattstiele sind auf der Oberseite rinnig. Blätter bis über 50 cm lang.

Große Sterndolde

Die sonst sehr unscheinbare Doldenhülle anderer Arten wird bei der Großen Sterndolde zu einem werbewirksamen Schauorgan.

Wald-Sanikel

Große Sterndolde

Astrantia major
Doldenblütengewächse
Aussehen: Kräftige, auffallende Pflanze, einzeln oder im Bestand, 30–100 cm. Einzelblüten sehr klein und reinweiß, langgestielt in einer einfachen Dolde; diese wird von zahlreichen derben, weißen Hüllblättern umgeben, die am Grunde und an der Spitze grünlich oder rötlich verfärbt sind. Der Teilblütenstand sieht daher aus wie eine große Einzelblüte.
Blütezeit: VI–VIII.
Vorkommen: Auenwälder, Schluchtwälder, Nadelmischwälder. Vor allem im Bergland verbreitet. Im Norden und Westen sehr selten.
Bestimmungstip: Mehrere Dolden bilden einen rispig aufgebauten Gesamtblütenstand. Blätter handförmig geteilt und gestielt.

Wald-Sanikel

Sanicula europaea
Doldenblütengewächse
Aussehen: Kleinere Pflanze, 20–50 cm. Blüten reinweiß oder hellrosa, zahlreich in kopfigen Döldchen, diese in lockeren Rispen mit sehr ungleich langen Stielen; im Döldchen sitzen außen immer männliche, innen durchweg zwittrige Blüten. Blätter alle grundständig als Rosette, langgestielt, immergrün, dunkelgrün glänzend, handförmig drei- bis fünfteilig, unregelmäßig gezähnt.
Blütezeit: V–VII.
Vorkommen: Auenwälder, Buchenwälder, Eichenbestände, Nadelmischwald.
Bestimmungstip: Ausgeprägte Schattenpflanze. Die Früchte entwickeln hakenförmige Stachel.

Bär-Lauch

Quirlblättrige Weißwurz

Quirlblättrige Weißwurz

Bär-Lauch
Allium ursinum
Liliengewächse
Aussehen: Mittelgroß, sehr gesellig, 20–50 cm. Blüten mit reinweißen, schmalen, sternförmig ausgebreiteten Kronblättern. Blüten gestielt, zu je 15–20 in einem kopfigen, doldigen Blütenstand ohne Hochblatt und ohne Brutzwiebeln. Blätter grundständig, meist nur zwei, breit elliptisch, dunkelgrün, langgestielt, streifennervig.
Blütezeit: V–VI.
Vorkommen: Auenwälder, Laubmisch- und Bergwälder, feuchte Gebüsche, auf sehr tiefgründigem, humusreichem Boden. Vom Tiefland bis zum Gebirge, auch in den Alpen.
Bestimmungstip: Alle Teile der Pflanze riechen intensiv nach Knoblauch, besonders beim Welken der Blätter im Hochsommer.

Quirlblättrige Weißwurz
Polygonatum verticillatum
Liliengewächse
Aussehen: Kräftige, ansehnliche Pflanze, einzeln oder in Gruppen, 30–70 cm. Blüten reinweiß mit einzelnen, grünlichen Längsstreifen oder Flecken, schmalglockig, mit zurückgebogenen Kronzipfeln, bis 1,5 cm lang. Stengel aufrecht, unverzweigt, kantig. Blätter schmal-lanzettlich, zu 3–7 in Quirlen.
Blütezeit: V–VI.
Vorkommen: Buchenwälder, Nadelmischbestände, auch Nadelforsten. Ausgeprägte Schattenpflanze. Fehlt im Tiefland. Im Bergland ab etwa 500 m.
Bestimmungstip: Die länglichen Glockenblüten stehen zu 3–8 zwischen den Blattquirlen. Stengel hängt nicht einseitig über.

Vielblütige Weißwurz

Ähnlich wie bei den Blüten von Schneeglöckchen oder Märzenbecher wird auch bei den Weißwurz-Arten Blattgrün zur Ausfärbung der Blütenzipfel verwendet.

Wohlriechende Weißwurz

Vielblütige Weißwurz

Polygonatum multiflorum
Liliengewächse
Aussehen: Einzeln oder in kleinen Gruppen, 30–60 cm.
Blüten schmal glockenförmig, cremeweiß oder reinweiß, am Blüteneingang mit grasgrünen Flecken und zurückgebogenen Kronzipfeln, einzeln auf dünnen, schlaffen Stielen, hängen daher herab. Stengel unverzweigt, hängt bogig über. Blätter wechselständig, ungestielt, streifennervig.
Blütezeit: IV–VI.
Vorkommen: Buchenwälder, Laub- und Nadelmischwälder. Vom Tiefland bis ins Hochgebirge.
Bestimmungstip: Der Stengel ist rund. Zwischen den Blättern hängen immer mehrere längliche Glockenblüten.

Wohlriechende Weißwurz

Polygonatum odoratum
Liliengewächse
Aussehen: Klein, häufig in Gruppen zusammenstehend, hellgrün, 15–40 cm.
Blüten schmal glockenförmig, bis 2 cm lang, am Blüteneingang mit grünlichen Flecken, baumeln an schlaffen, dünnen Blütenstielen. Stengel aufrecht oder leicht übergebogen. Blätter streifennervig, ungestielt.
Blütezeit: V–VI.
Vorkommen: Kiefernwälder, Eichenbestände oder Eichen-Hainbuchenwälder, sonnige Gebüsche. Vom Tiefland bis ins Gebirge. In den Alpen bis 1650 m.
Bestimmungstip: Der Stengel ist deutlich kantig. Aus den Blattachseln hängt jeweils nur eine Glockenblüte. Die Blätter stehen oft aufrecht.

Frühlings-Knotenblume, Märzenbecher

Frühlings-Knotenblume, Märzenbecher
Leucojum vernum
Narzissengewächse
Aussehen: Klein, oft gesellig, 10–30 cm.
Blüten glockig, mit deutlich erkennbarem, grünem Fruchtknoten unterhalb der schneeweißen Krone. Die sechs nur am Grunde miteinander verwachsenen Kronblätter sind völlig gleich gestaltet, sie verschmälern sich vorne in eine rundliche Spitze, die als besonderes Anlockungssignal für die Bestäuberinsekten einen grünlich-gelben Fleck trägt. Die Blüten hängen, so daß die Öffnung nach unten weist. Sie verströmen einen sehr angenehmen, süßlichen Duft. Jeder Blütenstengel trägt jeweils nur eine Blüte, in selteneren Fällen können es auch zwei sein. Die 3–5 glatten, dunkelgrünen Blätter fühlen sich fleischig an und sind ungefähr 1 cm breit. Nach der Bestäubung und dem Abblühen senken sich die Blütenstiele zu Boden. Alle Teile der Pflanze sind giftig! Wildvorkommen sind streng geschützt!
Blütezeit: III–IV.
Vorkommen: Schluchtwälder, Auenwälder, feuchte Laubmischwälder und gebüschreiche Wiesen auf sickerfeuchtem, nährstoffreichem Boden. Im Tiefland sehr selten und meist nur verwildert. Vor allem in den Mittelgebirgen bis in mittlere Höhen. Auch in den Alpen.
Bestimmungstip: In Auenwäldern kommt die größere **Sommer-Knotenblume** *(Leucojum aestivum)* vor, deren Stengel fast immer mehrblütig sind. Sie wird bis 60 cm hoch.

Schneeglöckchen

Schneeglöckchen

Die Blüten des Schneeglöckchens sind für Insekten nicht einfach weiß. Weil sie auch die ultraviolette Strahlung des Sonnenlichtes verändern, kommen für Insektenaugen Farbeindrücke zustande, die mit Worten nicht zu beschreiben sind.

Schneeglöckchen

Galanthus nivalis
Narzissengewächse
Aussehen: Klein, 10–20 cm. Blüten mit unterständigem, grünem Fruchtknoten, 1,5–2 cm lang. Die Krone ist zweiteilig aufgebaut: Innen bilden drei miteinander verwachsene Kronblätter ein weißes, schmales, enges Glöckchen, an dessen vorderem Saum ein grasgrünes, mit feinem gelbem Streifen gegen Weiß abgesetztes Farbband verläuft. Der äußere Kronenteil besteht aus drei gleichgestalteten freien und einheitlich weißen Blättern, deren Innenseiten ultraviolettes Licht reflektieren und daher für Bienen- oder Hummelaugen besonders leuchtend erscheinen. Jede Pflanze entwickelt nur einen etwas überhängenden Blütenstengel. Die Laubblätter sind bläulichgrün, bei der Wildpflanze höchstens 4 mm breit, linealisch und je Zwiebel in Zweizahl entwickelt. Nach dem Abblühen sinkt der anschwellende Fruchtknoten zu Boden. Wenn sich die Samenkapsel im Frühsommer öffnet, werden die zahlreichen Samen meist von Ameisen verschleppt. Wildvorkommen sind streng geschützt!
Blütezeit: II–III.
Vorkommen: Auenwälder und bodenfeuchte Laubmischwälder. Selten, gelegentlich wohl auch verwildert.
Bestimmungstip: Garten-Schneeglöckchen mit grasgrünen, deutlich breiteren Blättern gehören meist südeuropäischen Arten an. Die Blüte ist völlig geruchlos und produziert nur wenig Nektar. Wächst meist sehr gesellig.

Maiglöckchen

Maiglöckchen, reifender Fruchtstand

Beim Maiglöckchen sind die ursprünglich sechs freien Blütenblätter zu einer glockenförmigen Krone verwachsen. Die Anzahl der Kronzipfel verrät die Art der Verwachsung. Alle Teile der Pflanze sind sehr giftig!

Maiglöckchen

Convallaria majalis
Liliengewächse
Aussehen: Klein, meist bestandsbildend, 10–25 cm. Blüten rundlich-glockig, mit weiter Öffnung und sechs kurzen, zurückgeschlagenen Kronzipfeln, reinweiß, vor dem Öffnen grünlich. Zahlreiche Einzelblüten stehen an einem kantigen, aufrechten Stengel in lockerer, überwiegend einseitswendiger Traube. Zu jeder Pflanze gehören zwei breit-lanzettliche, gestielte, streifennervige und frisch- bis dunkelgrüne Laubblätter. Ab Ende Juni kann man in den Maiglöckchen-Vorkommen die roten Beerenfrüchte finden.
Alle Teile der Pflanze sind stark giftig, weil sie herzwirksame Inhaltsstoffe führen, die zwar arzneilich von besonderer Bedeutung sind, aber nur nach fachkundiger Aufbereitung angewendet werden dürfen. Maiglöckchen sind geschützt und dürfen weder gepflückt, noch ausgegraben werden.
Blütezeit: V–VI.
Vorkommen: Buchenwälder, Eichen-Hainbuchenwälder und andere Laubwaldgesellschaften, selten auch in den Randbereichen von Nadelforsten. Vor allem im Tiefland, stellenweise aber auch im Bergland.
Bestimmungstip: Die weißen, nach einer Seite überhängenden Glockenblüten verströmen einen sehr angenehmen, etwas fruchtigen Duft. Die breiten, zugespitzten, dabei aber ziemlich dünnen Grundblätter sind mit keiner anderen Pflanzenart zu verwechseln.

Knotenfuß

Schattenblume

Die Schattenblume ist mit ihren waagrechten Stengelblättern ein charakteristischer Schattenspezialist, der auch sehr geringes Restlicht für seinen Stoffwechsel nutzen kann.

Knotenfuß

Streptopus amplexifolius
Liliengewächse
Aussehen: Mittelgroß bis groß, meist einzeln oder in kleinen Gruppen, 30–80 cm. Blüten grünlichweiß, Blütenblätter nicht miteinander verwachsen, glockig angeordnet und mit zurückgebogenen Zipfeln, hängen einzeln an langen, dünnen Stielen. Blätter wechselständig, oval-herzförmig, kahl, auf der Oberseite blaugrün. Stengel einfach oder wenig verzweigt, etwas hin und her gebogen.
Blütezeit: VI–VII.
Vorkommen: Zerstreut bis selten in krautreichen Tannenmisch- und Fichtenwäldern. Vogesen, Schwarzwald, Bayerischer Wald, Alpenvorland und Alpen.
Bestimmungstip: Besonders typisch sind die stengelumfassenden kahlen Blätter.

Schattenblume

Maianthemum bifolium
Liliengewächse
Aussehen: Klein, weitgehend unauffällig, manchmal in ausgedehnten Beständen, 5–15 cm.
Blüten reinweiß, klein, nur etwa 5–7 mm breit, ausnahmsweise mehrfach vierzählig. Etwa 8–15 Blüten in walzenförmiger, aufrechter, endständiger Traube. Blätter am Stengel fast immer zu zweit, wechselständig, meist waagerecht, am Grunde herzförmig. Giftig!
Blütezeit: IV–VII.
Vorkommen: Oft in artenarmen, bodensauren Eichen-Hainbuchenwäldern oder in Nadelbeständen.
Bestimmungstip: Wegen der beiden glänzenden, zugespitzten Stengelblätter mit keiner anderen Art zu verwechseln.

Großes Hexenkraut

Schon an den Blüten des Hexenkrautes ist erkennbar, daß die Pflanze ihre Früchte mit sehr anhänglichen Widerhaken ausstattet und somit für eine weite Verbreitung sorgt.

Bleiches Waldvöglein

Großes Hexenkraut

Circaea lutetiana
Nachtkerzengewächse
Aussehen: Zarte Pflanze, einzeln oder in kleinen Beständen, bis 50 cm. Blüten reinweiß oder leicht rosa, oft aber mit rötlichen Kelchblättern zahlreich in endständiger, lockerer Traube. Stengel aufrecht, vor allem im oberen Teil behaart. Blätter gegenständig, breit-oval mit abgerundetem Grund, vorne spitz, gestielt.
Blütezeit: VII–VIII.
Vorkommen: Auenwälder, feuchte Laubmischwälder, an Waldwegen, auf Schlägen.
Bestimmungstip: Etwas kleinere, höchstens 30 cm hohe Pflanzen, deren Stengel kahl und nur die Blütenstielchen borstig behaart sind, werden manchmal als eigene Art, **Mittleres Hexenkraut** *(Circaea intermedia),* bezeichnet.

Bleiches Waldvöglein

Cephalanthera damasonium
Orchideengewächse
Aussehen: Schlanke Pflanze, 40–60 cm. Blüten reinweiß oder cremeweiß, ohne Sporn, zu 3–6 in verlängerter, lockerer Traube. Stengel aufrecht oder ein wenig bogig, unverzweigt. Blätter spitzoval, wechselständig. Geschützt!
Blütezeit: V–VI.
Vorkommen: Selten bis zerstreut in Buchenwäldern oder Buchen-Tannenwäldern.
Bestimmungstip: Ähnlich verbreitet ist das **Schwertblättrige Waldvöglein** *(Cephalanthera longifolium).* Blüten milchweiß, in lockerer Traube, schmale Blätter, zweizeilig.

Zweiblättrige Waldhyazinthe

Berg-Waldhyazinthe

Berg-Waldhyazinthe

Zweiblättrige Waldhyazinthe
Platanthera bifolia
Orchideengewächse
Aussehen: Mittelgroße Pflanze, 30–60 cm. Blüten weißlich, angenehm duftend, mit ungeteilter, zungenförmiger Lippe und fadenförmigem Sporn, zahlreich in langer, walzenförmiger Traube. Stengel aufrecht, unverzweigt, kantig, am Grunde mit zwei breit-ovalen, glänzenden Blättern. Geschützt!
Blütezeit: V–VII.
Vorkommen: Zerstreut bis selten in lichten Kiefernwäldern oder Eichenbeständen, dazu auch in Tannenwäldern oder auf Magerrasen. Von der Ebene bis ins Gebirge.
Bestimmungstip: Die Staubbeutelfächer verlaufen parallel. Das obere Blütenblatt ist stark helmartig gewölbt. Der Sporn ist hinten nicht verdickt.

Berg-Waldhyazinthe
Platanthera chlorantha
Orchideengewächse
Aussehen: Stattliche Pflanze, 20–60 cm. Blüten grünlich-weiß, wenig duftend oder duftlos, mit hinten verdicktem Blütensporn, zahlreich in verlängerter, walzenförmiger, endständiger Traube. Stengel aufrecht und unverzweigt, rundlich, unten mit zwei breit-ovalen Laubblättern. Geschützt!
Blütezeit: V–VII.
Vorkommen: Ziemlich selten in Nadelmischwäldern, lichten Laubmischbeständen oder auf feuchten, kalkreichen Wiesen.
Bestimmungstip: Die beiden Staubbeutelfächer laufen nach unten deutlich auseinander.

Blütenfarbe

Blau

Blau kommt bei den Waldblumen in allen Schattierungen und Abstufungen vor. Das kräftige Azurblau mancher Ehrenpreis-Arten steht neben dem intensiven Himmelblau der Glockenblumen und den zwischen hellerem und tintigerem Blau wechselnden Blütenfarben der Veilchen. Der Eisenhut bringt eine besonders eindrucksvolle Farbsättigung zustande, und die hübsche Teufelskralle ist sogar so intensiv blaublütig, daß sie beinahe schwarz erscheint. Besonders groß ist der Anteil der Waldblumen mit blauer Blüte an der heimischen Flora eigenartigerweise nicht. Die Hintergründe dafür sind kaum zu durchschauen. Für Blütenbesucher haben auch blaue Waldblumen für jeden Anspruch etwas zu bieten.

Das Kleine Immergrün ist eine Blume der Laub- und Laubmischwälder, aber auch in Gärten zu finden.

Wald-Ehrenpreis

Gamander-Ehrenpreis

Auf den ersten Blick könnte man eine Ehrenpreis-Blüte mit einer Kreuzblüte verwechseln, doch sind nur drei der vier vorhandenen Kronblätter wirklich gleich groß.

Wald-Ehrenpreis

Veronica officinalis
Rachenblütengewächse
Aussehen: Klein, kriechend, kaum in größeren Beständen, 15–25 cm. Blüten hellviolett, mit dunklerer Aderung, um 6 mm breit, mit vierzipfliger Krone und vierteiligem Kelch, zu mehreren in aufrechten, vom Stengel deutlich abgesetzten, endständigen Trauben mit sehr kleinen Tragblättern. Stengel liegend oder aufsteigend, rauhhaarig. Blätter gegenständig, dunkelgrün, stumpf gekerbt, auf beiden Seiten behaart, eiförmig.
Blütezeit: VI–VIII.
Vorkommen: Verbreitet in Laub- und Nadelmischwäldern, auf Waldlichtungen und an Waldwegen. Säurezeiger, liebt Trockenheit.
Bestimmungstip: Typisch sind die dichten endständigen Blütenstände und die Behaarung aller Teile.

Gamander-Ehrenpreis

Veronica chamaedrys
Rachenblütengewächse
Aussehen: Mittelgroß, oft liegend, 20–50 cm. Blüten himmelblau mit dunklerer Aderung und gelbem Fleck in der Mitte, zu mehreren in verlängerten, lockeren, blattachsel- oder endständigen Trauben. Stengel dünn, liegend oder aufsteigend. Blätter gegenständig, sitzend oder sehr kurzgestielt, behaart.
Blütezeit: IV–VI.
Vorkommen: Eichen-Hainbuchenwälder, lichte Mischwälder, Waldsäume, Lichtungen, Wegraine. Vom Tiefland bis ins Gebirge, auch in den Alpen.
Bestimmungstip: Der Stengel trägt zwei in Längsrichtung verlaufende Haarleisten.

Ähriger-Ehrenpreis

Viele Ehrenpreis-Blüten zeichnen sich durch ein besonders leuchtkräftiges Farbmal aus, das anfliegenden Insekten die Nahorientierung erleichtert. Die beiden kräftigen Staubblätter dienen zum Anklammern.

Großer Ehrenpreis

Ähriger Ehrenpreis

Veronica spicata
Rachenblütengewächse
Aussehen: Mittelgroß, aufrecht, oft in Gruppen, 25–60 cm.
Blüten azurblau, bis 1,5 cm breit, sehr kurzgestielt, zahlreich in verlängerter, ährenförmiger, immer nur endständiger Traube. Stengel aufrecht, unverzeigt, leicht drüsig behaart. Blätter gegenständig, kurzgestielt oder sitzend, länglichoval, gekerbt bis gesägt.
Blütezeit: VII–IX.
Vorkommen: Im Saum trockener Gebüsche, in Eichenbeständen oder Kiefernwäldern, auch auf Trockenrasen oder Felsbändern. Nur in warmen Mittelgebirgslagen.
Bestimmungstip: Typisch sind der lange ährenförmige Blütenstand mit seinem dichten Blütenbesatz und der relativ späte Blühtermin.

Großer Ehrenpreis

Veronica teucrium
Rachenblütengewächse
Aussehen: Mittelgroß, zierlich, einzeln oder in kleinen Gruppen, 15–50 cm.
Blüten bis 1,5 cm breit, himmel- bis azurblau, mit dunklerer Aderung, zu mehreren in verlängerten Trauben, die immer in der Achsel von Stengelblättern stehen. Blätter gegenständig, sitzend oder sehr kurzgestielt, Stengel wenig verzweigt.
Blütezeit: V–VIII.
Vorkommen: Kiefernwälder, trockene Eichengebüsche, sonnige Wald- und Wegränder, Halbtrockenrasen, gerne auf kalkhaltigen Böden.
Bestimmungstip: Nur die Blütenstiele sind behaart, der Stengel ist völlig kahl.

Hundsgift- und Hahnenfußgewächse

Kleines Immergrün

Wald-Akelei

Die Akelei-Blüte hat als einzige der heimischen Flora mehrere nach rückwärts gerichtete Sporne. Darin liegen die Nektardrüsen, die die süße Lockspeise für Blütenbesucher produzieren. Allerdings reichen nur besonders langrüsselige Insekten an diese Vorräte heran.

Kleines Immergrün

Vinca minor
Hundsgiftgewächse
Aussehen: Kleiner dunkelgrüner Bodendecker (Halbstrauch), 15–20 cm. Blüten himmelblau mit langer Kronröhre und radförmig ausgebreiteten Kronzipfeln, die vorne schräg abgeschnitten sind, bis 3 cm breit, gestielt, einzeln in den Blattachseln der oberen Stengelabschnitte. Stengel liegend oder aufsteigend, nur am Grunde verholzt. Blätter gegenständig, immergrün, kahl, ganzrandig, lederig.
Blütezeit: IV–V.
Vorkommen: Buchenwälder, Laubmischwälder, oft wahrscheinlich nur aus Gärten verwildert.
Bestimmungstip: Typisch sind die glänzenden, gegenständigen Blätter und die großen Blüten mit nach links schief gestutzten Zipfeln.

Wald-Akelei

Aquilegia vulgaris
Hahnenfußgewächse
Aussehen: Mittelgroß, zur Blütezeit recht auffällig, meist einzeln, bis 60 cm. Blüten 3–5 cm lang, blauviolett, mit fünf langgezogenen Spornen, die in ein hakig gebogenes Ende auslaufen. Staubblätter goldgelb. Stengel aufrecht, ästig. Blätter wechselständig, untere langstielig, obere sitzend, doppelt dreizählig gefiedert, bläulich-grün. Die Pflanze ist geschützt!
Blütezeit: VI–VII.
Vorkommen: Buchenwälder, Eichenmischwälder, Heckensäume, Trockenwiesen, vor allem in Kalkgebirgen.
Bestimmungstip: Einzige heimische Gattung mit fünf Spornen an jeder Blüte.

Nachtschatten- und Rauhblattgewächse

Bittersüßer Nachtschatten

Wald-Vergißmeinnicht

Bittersüßer Nachtschatten

Bittersüßer Nachtschatten

Solanum dulcamara
Nachtschattengewächse
Aussehen: Kletternder Halbstrauch, 50–200 cm. Blüten violett mit fünf ausgebreiteten Kronzipfeln, in der Mitte mit hellgelbem Kegel, der aus den fünf Staubblättern gebildet wird, jeweils zu mehreren in lockeren Rispen. Stengel nur am Grunde verholzt, oben krautig. Blätter wechselständig, länglich-oval, oft mit fiederigen Einschnitten, gelappt.
Die anfangs grünen, später roten Beeren sind giftig!
Blütezeit: VI–VIII.
Vorkommen: Auenwälder, Schluchtwälder, schattige Säume und Gebüsche an Ufern. Vom Tiefland bis in mittlere Gebirgslagen.
Bestimmungstip: An der Pflanze findet man oft gleichzeitig violettgelbe Blüten und reife Früchte.

Wald-Vergißmeinnicht

Myosotis sylvatica
Rauhblattgewächse
Aussehen: Klein, zierlich, wenig auffällig, 15–40 cm. Blüten hellblau, mit kurzer, weißer Kronröhre und radförmig ausgebreiteten Kronzipfeln, in der Mitte mit dottergelbem Farbmal. Nach der Knospenöffnung oft auch hellrosa oder hellviolett. Zu mehreren in endständigen, locker verzweigten Rispen. Stengel aufrecht, liegend oder aufsteigend, ästig. Blätter wechselständig, rauhhaarig.
Blütezeit: V–VII.
Vorkommen: Laub- und Nadelmischwälder, Schläge, Gebüsche, Waldwege und Raine.
Bestimmungstip: Die Haare der Kelchblätter tragen vorne eine Hakenspitze.

Glockenblumengewächse

Nesselblättrige Glockenblume

Pfirsichblättrige Glockenblume

Da die Synthese der blauen Blütenfarbstoffe auch einmal gestört sein kann, gibt es fast alle Glockenblumen auch in weiß. Dieses Mangelmerkmal ist erbfest. Weiße Formen sind als Gartenpflanzen sehr beliebt.

Nesselblättrige Glockenblume

Campanula trachelium
Glockenblumengewächse
Aussehen: Mittelgroß bis groß, meist in Gruppen, 50–100 cm.
Blüten blauviolett, bis 4 cm lang und fast ebenso breit, weit geöffnet, behaart, zu mehreren in einseitswendiger Traube am Stengelende. Stengel aufrecht, vierkantig, unverzweigt, meist rötlich überlaufen, behaart. Blätter wechselständig, brennesselartig, die unteren langgestielt, die oberen sitzend.
Blütezeit: VII–VIII.
Vorkommen: Buchenwälder, Eichen-Hainbuchenwälder, lichte Gebüsche und Waldwege. Bis in mittlere Gebirgslagen.
Bestimmungstip: Typisch sind die brennesselartigen Blätter.

Pfirsichblättrige Glockenblume

Campanula persicifolia
Glockenblumengewächse
Aussehen: Mittelgroße, schlanke Pflanze, 70–120 cm.
Blüten himmelblau, bis 4 cm lang und fast ebenso breit, weit geöffnet, mit rechtwinklig zulaufenden Kronzipfeln, zu mehreren in einseitswendigen Trauben. Stengel dünn, aufrecht. Stengelblätter wechselständig, sehr schmallinealisch, bis 1 cm breit, sitzend.
Blütezeit: VI–VII.
Vorkommen: Eichen-Hainbuchenwälder, Laubmischwälder, Nadelmischbestände und sonnige Wege.
Bestimmungstip: Die pfirsichblattähnlichen Stengelblätter und die großen, halbkugeligen Blüten sind unverwechselbar.

Rundblättrige Glockenblume

Breitblättrige Glockenblume

Ein ganz raffinierter Mechanismus sorgt dafür, daß bei den Glockenblumen der gesamte Pollenvorrat den Blütenbesuchern angeboten wird: Der Griffel wirkt wie eine Bürste, die beim Wachstum die Pollensäcke leerfegt. Mit einer Lupe kann man diese Pollenbürste sehr gut sehen.

Rundblättrige Glockenblume

Campanula rotundifolia
Glockenblumengewächse
Aussehen: Zierliche, kleine Pflanze, gewöhnlich in Gruppen, 20–50 cm. Blüten kräftig blau, mit kurzen, nach außen gebogenen Kronzipfeln, zu mehreren in lockerer Rispe auf dünnen Stengeln, in der Knospe steif aufrecht, nach dem Öffnen hängend. Stengel aufrecht oder leicht übergebogen. Stengelblätter kahl, linealisch, rundliche Grundblätter.
Blütezeit: VI–IX.
Vorkommen: Lichte Eichen-Hainbuchenwälder, lockere Gebüsche, auch in Magerrasen und an Mauern.
Bestimmungstip: Die Blüten sind deutlich länger als breit und höchstens zu einem Drittel eingeschnitten.

Breitblättrige Glockenblume

Campanula latifolia
Glockenblumengewächse
Aussehen: Stattliche, große Pflanze, bis über 100 cm. Blüten anfangs weißlich-, später violettblau, bis 4 cm lang, mit verhältnismäßig enger Röhre und schmalen, spitzwinklig zulaufenden Kronzipfeln, einzeln auf dünnen, gebogenen Blütenstielen in den Blattachseln. Stengel aufrecht, unverzweigt, rund. Blätter wechselständig, unregelmäßig gesägt.
Blütezeit: VI–VIII.
Vorkommen: Schluchtwälder, Bergmischwälder, Hochstaudenfluren, schattige Gebüsche.
Bestimmungstip: Die Blattstiele sind leicht geflügelt. Die violettblauen Blüten sind nach einer Seite ausgerichtet.

Leberblümchen

Leberblümchen

Hepatica nobilis
Hahnenfußgewächse
Aussehen: Kleine, meist bestandsbildende Pflanze, 10–15 cm.
Blüten hellblau, mitunter auch leicht rötlich-violett, rosa oder ganz weiß, bis 3 cm breit, mit 6–10 leicht abfallenden Blütenblättern, die weit ausgebreitet, aber wie kleine Löffel immer ein wenig nach innen aufgebogen sind. Dicht unterhalb der Blütenkrone sitzen am behaarten Blütenstengel drei kleine, unauffällige, meist kupferbraune Blätter, die wie Kelchblätter aussehen, in Wirklichkeit jedoch den drei sehr großen Stengelblättern entsprechen, die beim nahe verwandten Busch-Windröschen (→ Seite 93) oder anderen Anemone-Arten die einzige Belaubung bilden. Beim Leberblümchen entfalten sich die eigentlichen grundständigen Laubblätter erst gegen Ende der Blütezeit oder nach dem Abblühen. Sie sind charakteristisch dreilappig, sehr langgestielt, etwas lederig und oft trübgrün oder leicht dunkelrot überlaufen. Kugelige Frucht, die von den drei kelchartigen Stengelblättern halb eingeschlossen ist.
Blütezeit: III–IV.
Vorkommen: Buchen-, Eichenmisch-, Kiefernwälder, von der Ebene bis in mittlere Gebirgslagen. Fehlt westlich des Rheins. Vor allem in den östlichen und südöstlichen Mittelgebirgen.
Bestimmungstip: Anhand der frühen Blütezeit und des meist sehr geselligen Vorkommens unverwechselbar.

Zweiblättriger Blaustern

Hasenglöckchen

Das Hasenglöckchen ist eine im atlantischen Europa verbreitete und auf ozeanisches Klima angewiesene Pflanze, die in Deutschland die Ostgrenze ihres natürlichen Areals erreicht. Die wenigen Wildstandorte sind daher besonders geschützt!

Zweiblättriger Blaustern

Scilla bifolia
Liliengewächse
Aussehen: Sehr zierlich, klein, bis 15 cm.
Blüten himmelblau, gelegentlich auch rosa oder weiß, bis 1,5 cm breit, mit abstehenden Kronzipfeln, zu mehreren in dichten oder verlängerten Trauben. Stengel aufrecht, unverzweigt, mit zwei grundnahen, stengelumfassenden Blättern, diese bis 10 cm lang, schmal-linealisch, glänzend frisch- oder dunkelgrün. Geschützt!
Blütezeit: III–IV.
Vorkommen: Buchenwälder, Eichenwälder, lichte Auenwälder und Gebüsche auf sickerfeuchtem Boden. Nur in der Mittelgebirgsregion. Ziemlich selten.
Bestimmungstip: Sehr typisch sind die beiden schmalen Blätter und der traubige Blütenstand mit den Sternblüten.

Hasenglöckchen

Hyacinthoides non-scripta
Liliengewächse
Aussehen: Klein bis mittelgroß, gesellig, 15–40 cm.
Blüten hellblau bis hellviolett, seltener auch weiß, mit sechs Kronblättern, die zu einer schlanken, glockigen Kronröhre verwachsen sind, zu mehreren kurzgestielt in endständiger, aufrechter Traube an kräftigem, unverzweigtem Stengel. Geschützt!
Blütezeit: IV–V.
Vorkommen: Sehr selten in Buchenwäldern oder anderen Laubmischwäldern, vor allem im westlichen Europa.
Bestimmungstip: Blätter zu mehreren, grundständig, etwas überhängend, oberseits rinnig. Blüten schlankglockig, engröhrig und hellblau.

Berg-Flockenblume

Berg-Flockenblume
Centaurea montana
Korbblütengewächse
Aussehen: Mittelgroße Pflanze, meist gesellig, 30–70 cm.
Blüten in großen, bis 7 cm breiten Körbchen, einzeln auf langen, aufrechten Stielen. Die Körbchen bestehen nur aus Röhrenblüten; randständige Röhrenblüten lang fünfzipflig und locker ausgebreitet, kornblumenblau. Die inneren Röhrenblüten dagegen kurzzipflig, sehr dicht gedrängt und blauviolett. Die Hüllblätter, die die Aufgabe der Kelchblätter übernehmen, sind schwarzrandig und ausgefranst. Stengel einfach oder wenig verzweigt, rund, behaart. Blätter wechselständig, zungenförmig, vorne zugespitzt, auf der Oberseite nur spärlich behaart, unterseits dicht filzig.
Blütezeit: V–X.
Vorkommen: Schluchtwälder, Laubmischwälder und kahlschläge oder Krautfluren entlang von Waldwegen. Mittlere bis höhere Gebirgslagen. Auch als Zierpflanze in (Bauern-) Gärten.
Bestimmungstip: Die Berg-Flockenblume ist an ihren sehr großen Blättern und an den kräftig blauen Blütenköpfen eindeutig zu erkennen.

Alpen-Milchlattich
Cicerbita alpina
Korbblütengewächse
Aussehen: Kräftige, sehr stattliche Staude, oft in Gruppen, 50–200 cm.
Blüten hellblau bis blauviolett. Die zungenförmigen Einzelblüten, bilden einen blumigen, flach ausgebreiteten Blütenkorb.
Viele dieser Körbe oder

Alpen-Milchlattich

Das bemerkenswerte Schwarzviolett der Teufelskralle ist eine der tiefsten Farbsättigungen, die heimische Pflanzen erreichen. Trotz dieser Farbstellung werden die Blüten von Insekten sofort gesehen und aufgesucht.

Schwarze Teufelskralle

Köpfe sind am Stengelende zu einem rispig aufgebauten Gesamtblütenstand zusammengefaßt. Stengel aufrecht, unverzweigt, oft rötlich-violett überlaufen. Blätter wechselständig, oberseits dunkel-, unterseits blaugrün, unregelmäßig geteilt, mit großem, dreieckigem Endabschnitt.
Blütezeit: VII–VIII.
Vorkommen: Hochstaudenreiche Bergmischwälder und Krautfluren im Saum von Gebüschen oder Waldlichtungen. Höhere Mittelgebirge, Alpen.
Bestimmungstip: Stengel, Stiele der Blütenköpfe und deren Hüllblätter sind abstehend behaart.

Schwarze Teufelskralle

Phyteuma nigrum
Glockenblumengewächse
Aussehen: Klein bis mittelgroß, einzeln oder in kleinen Gruppen, 30–50 cm. Blüten schwärzlich-violett bis tief violettblau, bestehen aus zahlreichen krallenartig nach oben gebogenen, röhrigen Einzelblüten, die sich zu einem ährigen Blütenstand zusammengeschlossen haben. Stengel kräftig, aufrecht, unverzweigt. Grundblätter langgestielt, ungefähr doppelt so lang wie breit, von dreieckigem Umriß, spatelig in den Stiel verschmälert.
Blütezeit: V–VII.
Vorkommen: Laubmischwälder der tieferen Lagen oder Bergwiesen und -gebüsche.
Bestimmungstip: Das Hüllblatt des Blütenstades ist ungefähr so lang wie ein Ährendurchmesser. Bei der ähnlichen **Eiförmigen Teufelskralle** *(Phyteuma ovatum)* ist das Hüllblatt mindestens so lang wie die gesamte Ähre.

Wald-Veilchen

Hügel-Veilchen

Ein feines Strichmuster signalisiert schon von weitem die genaue Lage des Blüteneingangs, so daß lange Suchmanöver unnötig sind. Besonders eifrige Nektarsammler halten sich nur wenige Sekunden lang an der Blüte auf.

Wald-Veilchen
Viola reichenbachiana
Veilchengewächse
Aussehen: Klein, einzeln oder in Gruppen, bis 15 cm. Blüten rötlichviolett, gewöhnlich nur 12–15 mm breit, mit schlankem, 4–6 mm langem, dunkelviolettem Sporn, dieser kaum gefurcht, abwärts gebogen und mit gerundeter Spitze. Die einzelnen Kronblätter überdecken sich nicht. Stengel liegend oder aufsteigend. Blätter grundständig und am Stengel, über 2 cm lang.
Blütezeit: IV–VI.
Vorkommen: Verbreitet in verschiedenen Laubmischwäldern und Nadelmischbeständen. Vom Tiefland bis ins Gebirge.
Bestimmungstip: Beim sehr ähnlichen **Hain-Veilchen** *(Viola riviniana)* ist der dickliche Sporn weißgelblich und nach oben gebogen.

Hügel-Veilchen
Viola collina
Veilchengewächse
Aussehen: Klein, einzeln oder in kleinen Beständen, bis 15 cm.
Blüten duftend, blaßblau bis weißlich, mit weißlichem oder sehr blaßviolettem Sporn, nur das unterste Kronblatt vorne leicht eingebuchtet. Pflanze ohne deutlichen Stengel, Blätter daher grundständig.
Blütezeit: IV–V.
Vorkommen: Zerstreut in lichten Eichen-Hainbuchenwäldern, Kiefernmischbeständen, Magerrasen und Heiden. Vom Tiefland bis ins Gebirge.
Bestimmungstip: Unbedingt auf die breit herzförmige, fein gekerbte Blattspreite achten. Nebenblätter stark gefranst.

Veilchengewächse

Hunds-Veilchen

Rauhhaariges Veilchen

Veilchen kann man zuverlässig daran erkennen, daß die beiden mittleren Kronblätter immer deutlich abwärts gerichtet sind. Bei den zur gleichen Gattung gehörenden Stiefmütterchen weisen diese Blütenblätter dagegen aufwärts.

Hunds-Veilchen
Viola canina
Veilchengewächse
Aussehen: Klein, einzeln, bis 15 cm.
Blüten blauviolett mit auffallend hellem Grund und gelblichem, ungefähr 4–8 mm langem Sporn, einzeln an langen Stielen in den Blattachseln. Stengel aufrecht oder aufsteigend. Blätter nicht grundständig in Rosette, sondern alle am Stengel.
Blütezeit: IV–VI.
Vorkommen: Lichte Eichenwälder, Waldränder, Heiden.
Bestimmungstip: Die Nebenblätter sind immer deutlich kürzer als der ungeflügelte Blattstiel.

Rauhhaariges Veilchen
Viola hirta
Veilchengewächse
Aussehen: Sehr klein, zierlich, bis 10 cm.
Blüten blaßviolett bis violettblau, mit rötlich-violettem, schlankem, an der Spitze aufgebogenem Sporn. Alle Kronblätter sind vorne leicht eingebuchtet. Blätter in grundständiger Rosette. Blattstiele und Blattspreiten zumindest schwach behaart, am Stielansatz mit breiter, offener Bucht.
Blütezeit: IV–V.
Vorkommen: Verbreitet bis häufig in trockenen Kiefernwäldern oder lichten Eichenwäldern, auch an sonnigen Gebüschen. Vom Tiefland bis in mittlere Gebirgslagen.
Bestimmungstip: Die Blätter sind immer behaart. Blüten geruchlos, auf langen Stielen in den Achseln der Rosette. Die Pflanze ist stengellos, ihre gestielten Blätter bilden daher eine Rosette.

Blaue Lupine

Zaun-Wicke

Die Blaue Lupine stammt aus Nordamerika und wurde bei uns zur Waldbodenverbesserung, Böschungsbefestigung, als Wildäsung und Gartenpflanze ausgesät.

Blaue Lupine
Lupinus polyphyllus
Schmetterlingsblütengewächse
Aussehen: Große Pflanze, meist in Gruppen, 80–150 cm.
Blüten leuchtendblau und sehr groß, zahlreich in langen, walzenförmigen Trauben. Stengel aufrecht, unverzweigt. Blätter langgestielt, handförmig geteilt, mit 12–15 sternförmig ausgebreiteten Teilblättern.
Blütezeit: VI–IX.
Vorkommen: Stammt aus Nordamerika, jetzt an Waldrändern oder auf Lichtungen eingebürgert.
Bestimmungstip: Pflanzen, mit nur 7–9 Teilblättern gehören zu der nahe verwandten **Ausdauernden Lupine** *(Lupinus perennis)*, die ebenfalls angesät wird.

Zaun-Wicke
Vicia sepium
Schmetterlingsblütengewächse
Aussehen: Krautige Kletterpflanze, 30–60 cm.
Blüten schmutzigviolett bis bräunlichblau, mit dunklerer Aderung, 10–15 mm lang, leicht aufwärts gebogen, zu 2–5 in kurzgestielten Trauben in den Achseln der Stengelblätter.
Stengel liegt oder rankt in anderen Pflanzen. Blätter wechselständig, gefiedert. Endfiedern sind in Ranken umgewandelt.
Blütezeit: V–VIII.
Vorkommen: In krautreichen Laubmischwäldern, an Waldsäumen, Wegrändern und auf Lichtungen, auch in Fettwiesen. Vom Tiefland bis ins Gebirge.
Bestimmungstip: Typisch sind die entwicklungsabhängig vielfarbigen, bräunlich-bläulichen Schmetterlingsblüten.

Blauer Eisenhut

Die großen Helmblüten verbergen sehr eigenartig gestaltete Honigblätter. Manche Hummeln umgehen den planmäßigen Weg durch den Eingang und brechen mit Bißlöchern in die Blüte ein.

Blauer Eisenhut

Blauer Eisenhut
Aconitum napellus
Hahnenfußgewächse
Aussehen: Mittelgroße bis große Pflanze, meist in Gruppen, 40–150 cm. Blüten tiefblau bis violett, helmförmig, höher als breit, kahl oder schwach behaart. Die kronblattartigen Blütenblätter sind in Wirklichkeit umgewandelte, intensiv ausgefärbte Kelchblätter. Die der Krone entsprechenden Blütenteile sind die beiden im Helm eingeschlossenen Nektar- oder Honigblätter, von denen jedes auf langem Stiel eine kurze, aufwärts gekrümmte, spornartige Röhre trägt, in deren geschlossenem Ende der zuckerreiche Blütennektar produziert wird. Die Blüten stehen auf kurzen, dünnen Stielen am Stengelende in einer langen, dichten, allseitswendigen Traube Der Stengel ist kräftig, unverzweigt, aufrecht und unterhalb des Blütenstandes sehr dicht beblättert. Die Blätter sind fünf- bis siebenteilig, tief handförmig eingeschnitten und in viele schmale, lanzettliche Zipfel gegliedert. Alle Teile der Pflanze sind sehr giftig: Der Eisenhut ist die stärkste Giftpflanze Europas. Geschützt!
Blütezeit: VI–VIII.
Vorkommen: In Auenwäldern des Gebirges, in Erlengebüschen und in Hochstaudenfluren. Fehlt im Tiefland.
Bestimmungstip: Die Blüten bilden immer eine dichte Traube. Eine weit verzweigte und sehr ausladende Rispe bilden sie beim nahe verwandten **Rispigen Eisenhut** *(Aconitum paniculatum)*.

Kriechender Günsel

Beim Günsel ist die Oberlippe sehr kurz. Die goldgelben Staubblätter und das Streifenmuster der Kronblätter sind optische Signale für den zielgenauen Anflug der Bestäuber.

Kriechender Günsel

Kriechender Günsel
Ajuga reptans
Lippenblütengewächse
Aussehen: Kleine, meist in Gruppen wachsende Pflanze, 5–25 cm.
Blüten blaßblau oder kräftig blauviolett mit helleren Längsstreifen, selten auch rosa oder ganz weiß, zweilippig, die Oberlippe ist sehr kurz und undeutlich, die Unterlippe ziemlich groß, vorgestreckt und nach unten gebogen. Je 2–6 Einzelblüten stehen in den Achseln der oberen Stengelblätter dicht nebeneinander und bilden so einen ährenartigen Gesamtblütenstand mit zahlreichen Etagen. Die Tragblätter auf jedem Stockwerk sind am Grunde ebenfalls intensiv blau gefärbt und verstärken damit den Farbeindruck des Blütenstandes. Der Stengel ist vierkantig, aufrecht oder aufsteigend, unverzweigt, am Grunde gewöhnlich mit oberirdischen Ausläufern. Die Blätter der grundständigen Rosette haben einen geflügelten, langen Stiel. Die Stengelblätter sind kurzgestielt oder sitzend, ganzrandig oder undeutlich gezähnt.
Blütezeit: V–VI.
Vorkommen: Häufig in krautreichen Wäldern entlang von Wegen, auf Lichtungen oder Waldwiesen, auch in Fettwiesen und Parkrasen. Vom Tiefland bis ins Gebirge.
Bestimmungstip: Alle Teile des Kriechenden Günsels sind unbehaart. Beim **Pyramiden-Günsel** *(Ajuga pyramidalis)* sind die Blätter und der Stengel kurzhaarig. Seine Grundblätter sind rosettig gehäuft, nach oben werden sie immer kleiner und gehen stufenlos in Blütentragblätter über.

Gundermann, Gundelrebe

Gundermann, Gundelrebe
Glechoma hederacea
Lippenblütengewächse
Aussehen: Kleine, kriechende Pflanze, 10–60 cm. Blüten hellblau, blauviolett oder rötlich-violett, mit sehr kurzem, mehrzipfligem Kelch und ungefähr 2 cm langer, gerade vorgestreckter Kronröhre, die sich vorne in zwei Lippen teilt: Die Oberlippe ist gerade, ziemlich kurz und vorne leicht eingebuchtet. Die Unterlippe ist dreilappig und trägt vor allem auf dem Mittellappen ein dunkleres Fleckenmuster. Die Lippenblüten stehen zu mehreren in den Achseln der Stengelblätter und sehen aus wie Blütenquirle. Der Stengel ist schwach vierkantig, wenig verzweigt, kriecht oder steigt an den Enden auf und wurzelt an den Blattknoten. Die rundlich-nierenförmigen Blätter sind kurzgestielt und gegenständig. Sie erinnern im Umriß an kleine Efeublätter, sind am Rande gekerbt, bis 3 cm breit, unterseits hellgrün und oberseits glänzend dunkelgrün. Sie vertrocknen im Herbst nicht, sondern überdauern bis zum nächsten Frühjahr.
Blütezeit: IV–VI.
Vorkommen: Sehr verbreitet und häufig in Auenwäldern oder Auengebüschen, an Waldrändern, auf Lichtungen, unter Hecken und zwischen Staudenfluren an Gräben und Ufern. Von der Ebene bis in mittlere Gebirgslagen.
Bestimmungstip: Die Taubnesseln haben immer eine helmförmig gewölbte Oberlippe und aufwärts gebogene Kronröhre, beim Gundermann ist sie auffallend gerade.

Blütenfarbe

Gelb

Wie auf einer Tonleiter findet man bei den gelben Waldblumen vom vollen Goldgelb des Gilbweiderichs über die vornehm blaßgelben Fingerhutblüten bis zum weißlichen Gelb mancher Wachtelweizen eine unglaublich breit angelegte Skala mit zahlreichen Zwischentönen. Gelb erscheint immer leuchtender als Blau oder Rot und ist deshalb unter den Waldblumen relativ häufig vertreten. Manche gelbe Blüte legt sogar noch einen besonderen Effekt zu: Beim Scharbockskraut und seinen näheren Verwandten finden sich spiegelnd polierte Blütenblätter, so daß die gesamte Blüte wie ein einziger Glanzpunkt aussieht.

Die Wald-Schlüsselblume erblüht schon sehr zeitig im Jahr – ab März leuchten die hellgelben Blütenkronen durch die braune Laubstreu.

Einbeere

Einbeere, Blüten

Einbeere, Frucht

Die Einbeere ist eine bemerkenswerte Ausnahme innerhalb ihres Verwandtschaftskreises. Nur Fliegen kommen als Bestäuber, weil ihnen der große Fruchtknoten eine reiche Nektarquelle vortäuscht.

Einbeere
Paris quadrifolia
Liliengewächse
Aussehen: Mittelgroß, recht auffällig, meist in Gruppen, 15–30 cm. Blüten gelbgrün oder grünlich, bestehen aus vierzähligen (selten auch mehrzähligen) Kreisen, außen mit lanzettlichen, innen mit schmal-linealischen Blütenblättern, dazu acht goldgelbe Staubblätter und ein blauschwarzer Fruchtknoten. Stengel aufrecht, kahl, unverzweigt, mit vier (selten mehr) im Quirl stehenden, breit-ovalen und netznervigen Laubblättern. Giftig!
Blütezeit: V–VI.
Vorkommen: Buchenwälder, Eichenmischwälder, Auen, Nadelmischbestände.
Bestimmungstip: Die vier großen Netzblätter und die darüber vierzählige Blüte sind unverwechselbar.

Wechselblättriges Milzkraut
Chrysosplenium alternifolium
Steinbrechgewächse
Aussehen: Klein, häufig in kleinen lockerrasigen Beständen, 5–15 cm. Blüten mit vier goldgelben Kelchblättern und 8–10 Staubbblättern, jedoch ohne Kronblätter, zu mehreren in einer flachen endständigen Doldenrispe, die von hellgrünen Laubblättern eingefaßt wird. Stengel aufrecht, dreikantig, ästig. Blätter wechselständig, unregelmäßig grob gekerbt, rundlich, gestielt.
Blütezeit: III–VI.
Vorkommen: Auenwälder, Schluchtwälder, Staudengebüsche an Fließgewässern, vor allem entlang kleiner Bäche und in kraut-

Wechselblättriges Milzkraut

Gelbe Blüten wie die des Barbarakrautes sind besonders für Schwebfliegen nahezu unwiderstehlich. Daneben fliegen aber auch Bienen solche ergiebigen Pflanzen an.

Echtes Barbarakraut

reichen Quellfluren.
Bestimmungstip: Meist drei hellgrüne bis goldgelbe Stengelblätter rücken so dicht an den Blütenstand heran, daß sie wie besonders große Blütenblätter aussehen und den kleinen Einzelblüten zu mehr Geltung verhelfen. Am gleichen Standort kommt das **Gegenblättrige Milzkraut** *(Chrysosplenium oppositifolium)* vor. Die halbkreisrunden Blätter sind gegenständig und nicht so tief gekerbt wie bei der vorigen Art, sondern eher leicht gebuchtet. Der Stengel ist vierkantig. Wächst dichtrasig und bildet im Frühjahr auffällige gelbgrüne Teppiche. Bestäubung durch Fliegen.

Echtes Barbarakraut
Barbarea vulgaris
Kreuzblütengewächse
Aussehen: Mittelgroß, schlank, in Gruppen oder einzeln, 30–70 cm. Blüten goldgelb, Kronblätter um 6 mm lang und doppelt so lang wie die gelblichen Kelchblätter, zahlreich in dichter, etwas kopfig gedrängter Traube am Stengelende. Stengel aufrecht, wenig verzweigt. Blätter wechselständig, unten gestielt, oben sitzend und mit pfeilförmigem Blattgrund, unregelmäßig fiederartig geteilt, frischgrün, kahl.
Blütezeit: V–VI.
Vorkommen: Auenwälder, Waldschläge, Krautfluren an Ufern und Wegen. Von der Ebene bis ins Gebirge.
Bestimmungstip: Die Endlappen der Grundblätter sind beim Echten Barbarakraut rundlich und nicht größer als die übrigen Blattlappen.
Weitere ähnliche Arten.

Moschuskraut- und Wolfsmilchgewächse

Moschuskraut

Wald-Bingelkraut

Das sehr einfache und unauffällige Erscheinungsbild der Bingelkraut-Blüten läßt erwarten, daß der Wind die Pollenverfrachtung und die Bestäubung übernimmt. Dazu paßt, daß die Pflanzen zweihäusig sind, Selbstbestäubung also ausgeschlossen ist.

Moschuskraut

Adoxa moschatellina
Moschuskrautgewächse
Aussehen: Sehr klein, 5–15 cm.
Blüten grünlichgelb, zu fünf in einem langgestielten endständigen, würfelförmigen Blütenstand. Gipfelblüte vierzählig mit zweiteiligem Kelch, Seitenblüten fünfzählig mit dreiteiligem Kelch. Stengel aufrecht, einfach. Grundblätter langgestielt, doppelt dreizählig gefiedert. Stengelblattpaar gegenständig, dreizählig, gelbgrün.
Blütezeit: III–V.
Vorkommen: Auenwälder, Laubmischwälder, feuchte Gebüsche, auf sickerfeuchtem, nährstoffreichem Boden. Ziemlich selten.
Bestimmungstip: Der namengebende Moschusduft ist meist extrem schwach. Einzigartig ist der würfelförmige Blütenstand.

Wald-Bingelkraut

Mercurialis perennis
Wolfsmilchgewächse
Aussehen: Klein bis mittelgroß, meist bestandsbildend, 15–35 cm.
Blüten unscheinbar gelblichgrün, eingeschlechtig; auf verschiedenen Pflanzen entweder in sehr reichblütigen rein männlichen oder weiblichen Scheinähren, diese büschelig am Stengelende. Stengel aufrecht, unverzweigt, rund. Blätter gegenständig, gestielt, länglich-oval, stumpf gezähnt, leicht glänzend. Giftig!
Blütezeit: IV–V.
Vorkommen: Häufig in Buchenwäldern, Auenwäldern, Nadelmischwäldern.
Bestimmungstip: Sehr typisch sind die dunkelgrünen, am oberen Stengelende büschelig gehäuften Blätter.

Wolfsmilchgewächse

Mandelblättrige Wolfsmilch

Zypressen-Wolfsmilch

Was bei den Wolfsmilch-Arten nach einer Einzelblüte aussieht, ist in Wirklichkeit ein sehr kompliziert aufgebauter Blütenstand. Gut erkennbar sind die unverhältnismäßig großen, halbkreis- oder halbmondförmigen Honigdrüsen, die für nektarsammelnde Insekten sehr attraktiv sind.

Mandelblättrige Wolfsmilch

Euphorbia amygdaloides
Wolfsmilchgewächse
Aussehen: Schlank, mittelgroß, 30–60 cm. Blütenstände gelbgrün, mit halbmondförmigen Honigdrüsen, Hochblatthülle rundlich Stengel aufrecht, am Grunde verholzt und rötlich, oben mit zahlreichen wechselständigen, dicht gedrängten, wintergrünen Laubblättern.
Blütezeit: IV–V.
Vorkommen: Buchenwälder, Eichen-Hainbuchenwälder oder Ulmen-Auenwälder. Fehlt im Tiefland, im Mittelgebirge zerstreut.
Bestimmungstip: Die verholzte, rötlich verfärbte Stengelbasis und die schopfartig gedrängten, schmal-ovalen Blätter sind sehr typisch.

Zypressen-Wolfsmilch

Euphorbia cyparissias
Wolfsmilchgewächse
Aussehen: Mittelgroß, buschig, meist im Bestand, 30–50 cm. Einzelblütenstände anfangs hellgelb, später karminrot, zahlreich in end- und seitenständigen, vielstrahligen Scheindolden. Stengel aufrecht, rund, mit zahlreichen kurzen Seitenästen. Blätter wechselständig, schmal-linealisch, hellgrün bis bläulichgrün, mit weißem Milchsaft.
Blütezeit: IV–V.
Vorkommen: Offene, lichte Gebüsche, Kiefernwälder, sonnige Wegränder, Raine, Böschungen, häufig auch in Magerweiden und Magerrasen.
Bestimmungstip: Die intensive und sehr auffällige rötliche Verfärbung der abblühenden Blütenstände ist ein zuverlässiges Kennzeichen.

Fichtenspargel- und Rosengewächse

Fichtenspargel

Echte Nelkenwurz

Der eigenartige Fichtenspargel ist einer der wenigen Vollschmarotzer unter den heimischen Blütenpflanzen. Wildbienen bestäuben die bleichen, glockigen Blüten. Die Gipfelblüte des Blütenstandes enthält immer mehr Blütenteile als die Seitenblüten.

Fichtenspargel

Monotropa hypopitys
Fichtenspargelgewächse
Aussehen: Ungewöhnlich bleiche, 10–30 cm. Blüten bleichgelb, glockig, zu mehreren in dichter, überhängender Traube, später braun. Stengel aufrecht, nur im Blütenstand gekrümmt, richtet sich zur Fruchtzeit wieder auf, unverzweigt, brüchig, fleischig. Blätter wachsgelb bis hellbraun, schuppenförmig. Bildet mit Pilzen eine komplizierte Ernährungspartnerschaft (→ Seite 28).
Blütezeit: VI–VIII.
Vorkommen: Zerstreut in Kiefernwäldern, Fichten-Tannenwäldern, zuweilen auch in Laubmischwäldern. Schützenswert!
Bestimmungstip: Die Blüten duften besonders am Spätnachmittag und Abend intensiv nach Vanille.

Echte Nelkenwurz

Geum urbanum
Rosengewächse
Aussehen: Mittelgroß, einzeln oder in kleinen Beständen, 30–60 cm. Blüten hellgelb, 1–1,5 cm breit, mit fünf ovalen, ausgebreiteten Kronblättern, die sich an den Rändern nicht überlappen, so daß die spitzen, grünen Kelchblätter zu sehen sind. Stengel aufrecht, rund, verzweigt. Grundblätter langgestielt, gefiedert.
Blütezeit: V–IX.
Vorkommen: Auenwälder, Eichen-Hainbuchenwälder, Gebüsche, Hecken, Wegränder.
Bestimmungstip: Die Blütenstände sind locker verzweigt. Die Griffel wandeln sich bei den Fruchtständen zu Hakenborsten um, die der Verbreitung der Einzelfrüchte dienen.

Grüne Nieswurz

In den Blüten der Nieswurz-Arten findet sich eine große Anzahl spezieller Nektar- oder Honigblätter in Tütenform, die Bienen und Hummeln eine sehr lohnende Ausbeute versprechen. Beim Nektar-Einsammeln müssen die Blütenbesucher notgedrungen an den zahlreichen Staubblättern vorbei.

Stinkende Nieswurz

Grüne Nieswurz
Helleborus viridis
Hahnenfußgewächse
Aussehen: Klein bis mittelgroß, 30–50 cm.
Blüten grünlich-gelb, bis 5 cm breit, meist nur zu zweit am Stengelende. Die auffällige Blütenhülle besteht aus vergrößerten Kelchblättern, die Kronblätter sind zu zahlreichen kleinen, tütenförmigen Honigblättern umgewandelt, die unterhalb der Staubblätter stehen. Blätter handförmig gelappt. Giftig! Die Pflanze ist geschützt!
Blütezeit: II–V.
Vorkommen: Lichte Laub- und Laubmischwälder, Gebüschhänge, bevorzugt kalkhaltige, trockene Stein- und Lehmböden. Oft nur aus Gärten verwildert.
Bestimmungstip: Die beiden großen, gelbgrünen, schalenförmigen Blüten und die geteilten, scharf gezähnten Blätter sind sehr typisch.

Stinkende Nieswurz
Helleborus foetidus
Hahnenfußgewächse
Aussehen: Kräftige, buschige Pflanze, 20–80 cm.
Blüten hellgelb bis bleichgrün, am Rande oft rötlich, bis 2 cm breit, von leicht unangenehmem Geruch, zu mehreren in überhängenden, lockeren, endständigen Rispen. Stengel aufrecht, ästig, ziemlich dick. Blätter wechselständig, langgestielt, handförmig geteilt. Giftig! Geschützt!
Blütezeit: II–IV.
Vorkommen: Krautreiche Buchenwälder, Eichenbestände, Schlehengebüsche, Waldsäume..
Bestimmungstip: Unverkennbar sind die reichblütigen lockeren Rispen und die großen Balgfrüchte.

Gewöhnlicher Gilbweiderich

Hain-Gilbweiderich

Die Gilbweiderich-Blüten halten für ihre Besucherinsekten ein besonderes Angebot bereit: In speziellen Drüsen am Blütengrund produzieren sie fette Öle. Manchmal sitzen in den Blüten farblich hervorragend angepaßte Krabbenspinnen und lauern dort auf Beute.

Gewöhnlicher Gilbweiderich

Lysimachia vulgaris
Primelgewächse
Aussehen: Sehr stattliche Pflanze, meist im Bestand, 50–150 cm.
Blüten goldgelb, Kronblätter 7–12 mm lang, am Rand kahl, Kelchzipfel rötlich gerandet, sehr zahlreich in endständigen Rispen oder blattachselständigen Trauben. Stengel rund oder schwach kantig. Blätter lanzettlich-oval, im oberen Stengelabschnitt gegenständig, im unteren in Dreier- oder Viererquirlen.
Blütezeit: VI–VIII.
Vorkommen: Verbreitet bis häufig in Auenwäldern, Erlenbrüchern, Weidengebüschen, Hochstaudenfluren entlang von Ufern und Gräben, fast immer auf stau- oder wechselnassen Böden.
Bestimmungstip: Ähnlich ist der **Punktierte Gilbweiderich** *(Lysimachia punctata),* Kelchblätter einheitlich grün, Kronblattzipfel bewimpert, Stengel kantig geflügelt. Am gleichen Standort. Häufig auch als Zierpflanze in (Bauern-) Gärten.

Hain-Gilbweiderich

Lysimachia nemorum
Primelgewächse
Aussehen: Liegend, klein, 10–30 cm.
Blüten goldgelb, langgestielt. Stengel liegend oder aufsteigend, an den Knoten wurzelnd. Blätter gegenständig zugespitzt.
Blütezeit: V–VIII.
Vorkommen: Schluchtwälder, Buchenwälder, sickerfeuchte Waldwege und Lichtungen.
Bestimmungstip: Typisch sind die zugespitzten Blätter und die bis 1 cm breiten, dünnstieligen Blüten.

Pfennigkraut

Die Blüten der heimischen Schlüsselblumen gibt es in zwei verschiedenen Ausgaben: Entweder enthalten sie sehr lange Griffel und extrem kurze Staubblätter oder (bei anderen Pflanzen) kurze Griffel und lange Staubblätter. Eine erfolgreiche Bestäubung ist jeweils nur zwischen gleichlangen Teilen möglich.

Wald-Schlüsselblume

Pfennigkraut

Lysimachia nummularia
Primelgewächse
Aussehen: Kleine, auf dem Boden kriechende Pflanze, 10–50 cm.
Blüten bis 1,5 cm breit, goldgelb, kurzgestielt. Stengel kriechen dicht auf dem Boden, auch an den Enden kaum aufsteigend, wenig verzweigt, wurzeln an den Blattknoten. Blätter gegenständig, rundlich, münzgroß (namengebendes Merkmal), zum Herbst mitunter auch kupferrot.
Blütezeit: V–IX.
Vorkommen: Auenwälder, feuchte Gebüsche, niederwüchsige Krautfluren an Ufern und Gräben, auch in Gärten und auf Fettwiesen.
Bestimmungstip: Eindeutig erkennbar an den rundlichen, ganzrandigen oder leicht gekerbten Blättern.

Wald-Schlüsselblume

Primula elatior
Primelgewächse
Aussehen: Kleine Rosetten, 10–30 cm.
Blüten schwefelgelb, bis 2 cm lang, mit langer Kronröhre und flach ausgebreiteten Kronzipfeln, im Schlund etwas dunkler, jedoch nicht rotfleckig. Kelch sehr eng anliegend. Duftlos. Zahlreich in endständiger Dolde. Blätter bis 20 cm lang.
Blütezeit: III–V.
Vorkommen: Eichen-Hainbuchenwälder, Auenwälder und Schluchtwälder, auch auf Bergwiesen.
Bestimmungstip: Bei der ähnlichen **Wiesen-Primel** *(Primula veris)* sind die Kelche bauchig, der Kroneneingang rotfleckig. Die Blüten duften meist sehr intensiv. Diese Art bevorzugt offene Standorte wie Wiesen und Halbtrockenrasen.

Hahnenfußgewächse

Gelbes Windröschen

Gold-Hahnenfuß

Die Blüten des Gelben Windröschens und des Gold-Hahnenfuß kommen im Bestand nicht selten auch mit stärker abweichenden Blütenblattzahlen vor. Der besondere Fettglanz der Hahnenfußblüten ist für Insektenaugen ein sehr grelles Signal.

Gelbes Windröschen

Anemone ranunculoides
Hahnenfußgewächse
Aussehen: Klein, oft in größerem Bestand, 10–20 cm. Blüten mit meist fünf, selten auch mehr goldgelben Blütenblättern, entspringen langgestielt zu 1–2 aus dem Hochblattquirl der drei Stengelblätter, diese bis zum Stielansatz dreiteilig, mit schmal-keilförmigen, grob gezähnten Abschnitten. Grundblätter sind zur Blütezeit gewöhnlich noch nicht entwickelt. Giftig! Schützenswert!
Blütezeit: III–V.
Vorkommen: Auenwälder, verschiedene Laubmischwälder auf feuchtem, nährstoffreichem Boden.
Bestimmungstip: Von einem Hahnenfuß durch den dreizähligen Blattquirl am Stengel und die beiden langstieligen Einzelblüten sicher zu unterscheiden.

Gold-Hahnenfuß

Ranunculus auricomus
Hahnenfußgewächse
Aussehen: Klein bis mittelgroß, buschig, bis 50 cm. Blüten goldgelb, Blütenblätter oft ungleich groß, fallen frühzeitig ab, 1–2 cm breit. Blütenstiele lang, behaart, rund. Stengel aufrecht, ästig, wenig behaart. Stengelblätter sitzend, bis zum Ansatz tief in schmale, linealische Zipfel geteilt. Grundblätter nur wenig handförmig in breite Lappen geteilt. Giftig!
Blütezeit: III–V.
Vorkommen: Auenwälder, krautreiche Laubmischwälder, Krautfluren in Gebüschen und an Hecken.
Bestimmungstip: Die nur wenig geteilten Grundblätter und oft unvollständigen Blütenkronen sind sehr typisch.

Hahnenfuß- und Liliengewächse

Scharbockskraut

Das Zentrum der Scharbockskrautblüten erscheint auch für unsere Augen deutlich dunkler. Dieser Blütenbereich verschluckt das gesamte auftreffende UV-Licht der Sonnenstrahlung und ist für manche Insektenaugen daher sehr kontrastreich abgesetzt.

Wald-Gelbstern

Scharbockskraut

Ficaria verna
Hahnenfußgewächse
Aussehen: Klein, liegend, bestandsbildend, 5–15 cm. Blüten goldgelb, mit meist 8–12 schmalen Kronblättern (Nektarblättern) und 3 grünlichen, kelchblattartigen Hüllblättern, einzeln auf dünnen, langen Stielen. Stengel liegend oder aufsteigend. Blätter in Rosetten, herz- bis nierenförmig, gestielt, glänzend. In den Blattachseln finden sich häufig bis 1 cm große, weißliche Brutzwiebeln, die der vegetativen Vermehrung der Pflanze dienen.
Blütezeit: III–V.
Vorkommen: Auenwälder, Schluchtwälder, Laubmischwälder, Streuobstwiesen, Parkgebüsche, Fett- und Feuchtwiesen.
Bestimmungstip: Die goldgelben Blütensterne sind nicht zu verwechseln.

Wald-Gelbstern

Gagea lutea
Liliengewächse
Aussehen: Kleine, unauffällige Pflanze, oft in lockeren Beständen, 15–25 cm. Blüten gold- bis grünlichgelb, vor allem auf der Außenseite leicht grünstreifig, einzeln langgestielt, zu mehreren in einer lockeren Dolde, darunter zwei ungleich lange Hochblätter; sonst nur ein langes, um 1 cm breites, an der Spitze kapuzenartig gewölbtes Grundblatt.
Blütezeit: III–V.
Vorkommen: Krautreiche Auenwälder, Gebüsche, Auenwiesen, Obstgärten. Vom Tiefland bis in mittlere Gebirgslagen.
Bestimmungstip: Die grundständigen Blätter sind an der Spitze plötzlich pfriemförmig zugespitzt.

Huflattich

Wald-Habichtskraut

Rainkohl

Huflattich

Tussilago farfara
Korbblütengewächse
Aussehen: Kleine Pflanze, meist in größeren Beständen, zur Blütezeit ohne Laubblätter, 15–30 cm. Blütenköpfe hellgelb oder goldgelb, einzeln, endständig auf 5–15 cm hohen Stengeln.
Blütezeit: III–IV.
Vorkommen: Ziemlich häufig an Waldwegen, und an Erdanrissen.
Bestimmungstip: Die münzgroßen, sternförmigen Korbblüten sind eindeutige Merkmale.

Wald-Habichtskraut

Hieracium murorum
Korbblütengewächse
Aussehen: Klein bis mittelgroß, einzeln, 30–60 cm. Blütenköpfe nur aus Zungenblüten, goldgelb, in wenigkopfigen Rispen. Stengel behaart, mit 1–2 größeren Blättern, übrige Blätter in grundständiger Rosette.
Blütezeit: V–VI.
Vorkommen: Krautreiche Laub- und Nadelwälder, Waldränder, Waldwege.
Bestimmungstip: Die wenigkopfigen Rispen und das Vorkommen sind typisch.

Rainkohl

Lapsana communis
Korbblütengewächse
Aussehen: Mittelgroß, sehr locker, zart, 20–90 cm. Blütenköpfe nur aus 7–15 Zungenblüten, bis 2 cm breit. Blätter mit großem dreieckigem Endlappen, dünn. Stengelblätter einfach. Rispe aufrecht und sehr locker verzweigt.
Blütezeit: V–IX.
Vorkommen: Waldschläge, Wegränder, Hecken.
Bestimmungstip: Die hellgelben Blütenköpfe sind bei trübem Wetter geschlossen.

Fuchs-Kreuzkraut

Kanadische Goldrute

Wenn sich das Anlocken von Insekten nicht mehr lohnt, weil die Bestäubung schon erledigt ist, stellen die Blütenköpfe des Kreuzkrautes ihr Signalsystem um: Die Röhrenblüten werden bräunlich, während die randlichen Zungenblüten immer noch kräftig ausgefärbt bleiben. Nur vollgelbe Blüten werden weiterhin angesteuert.

Fuchs-Kreuzkraut

Senecio fuchsii
Korbblütengewächse
Aussehen: Sehr groß, bestandsbildend, 50–150 cm. Blütenköpfe mit goldgelben, schmalen Zungenblüten und meist 6–15 dottergelben (nach dem Abblühen bräunlichen) Röhrenblüten, zahlreich in großen Schirmrispen. Stengel aufrecht, kahl, rot. Blätter etwa so lang wie breit, länglich-oval, gesägt.
Blütezeit: VI–IX.
Vorkommen: Buchenwälder, Waldschläge, Wegränder.
Bestimmungstip: Beim sehr ähnlichen **Hain-Kreuzkraut** *(Senecio nemorensis)*, das an den gleichen Standorten vorkommt, ist die Hülle mindestens zehnblättrig und kurzhaarig, der Stengel meist grün und behaart, die Blätter etwa dreimal so lang wie breit.

Kanadische Goldrute

Solidago canadensis
Korbblütengewächse
Aussehen: Stattlich, dicht, buschig, meist bestandsbildend, 50–200 cm. Blütenköpfe goldgelb, zylindrisch, mit sehr kleinen Zungen- und gleichlangen Röhrenblüten, sitzen einseitig auf waagerecht abstehenden Seitenzweigen und bilden einen rispenförmigen Gesamtblütenstand. Stengel kräftig, aufrecht. Blätter wechselständig.
Blütezeit: VIII–X.
Vorkommen: Auenwälder, Schlagfluren, Weg- und Raingebüsche. Häufig. Verwilderte Zierpflanze.
Bestimmungstip: Bei der **Späten Goldrute** *(Solidago gigantea)* sind der Stengel kahl, die Zungenblüten deutlich länger als die Röhrenblüten.

Hahnenfuß- und Veilchengewächse

Gelber Eisenhut

Zweiblütiges Veilchen

Die hübschen Helmblüten des Gelben Eisenhutes enthalten spiralig aufgerollte Honig- oder Nektarblätter. Schmetterlinge können hier kaum auftanken, da sie schlecht an die Nektarblätter herankommen. Die lernfähigen Bienen und Hummeln sind da viel erfolgreicher.

Gelber Eisenhut

Aconitum vulparia
Hahnenfußgewächse
Aussehen: Mittelgroß bis groß, buschig, 50–150 cm. Blüten hellgelb, Helm dreifach so hoch wie breit, verbirgt zwei Nektarblätter mit geradem Stiel und hakig gekrümmtem Sporn. Stengel aufrecht, verzweigt, behaart. Blätter wechselständig, handförmig geteilt, am Rande und unterseits auf den Nerven behaart. Sehr giftig! Geschützt!
Blütezeit: VI–VIII.
Vorkommen: Waldränder, Erlenauengebüsche, Weidengebüsche, Hochstaudenfluren. Nur im Gebirge, vor allem in den Alpen.
Bestimmungstip: Die in dichten endständigen Trauben stehenden Blüten mit den hohen Helmen sind nicht zu verwechseln.

Zweiblütiges Veilchen

Viola biflora
Veilchengewächse
Aussehen: Klein, meist bestandsbildend, 5–20 cm. Blüten kräftig gelb, etwa 1,5 cm breit und ebenso lang. Die beiden seitlichen Kronblätter sind deutlich aufwärts gerichtet, das untere trägt ein dunkleres Strichmuster. Sporn kurz und gerade. Stengel aufrecht, kahl. Grundblätter nierenförmig, gestielt.
Blütezeit: V–VIII.
Vorkommen: Ziemlich häufig in verschiedenen Bergwäldern, in Hochstaudengebüschen und Krautfluren. Schattenpflanze. Im Alpenvorland und in den Alpen, außerdem in der Arktis.
Bestimmungstip: Jeder Stengel trägt nur zwei leuchtend gelbe, duftlose Blüten.

Gelbe Taubnessel, Goldnessel

Klebriger Salbei

Beim Klebrigen Salbei kann man selbst einmal Bestäuber spielen: Ein dünner Halm, in die Röhre der Lippenblüte eingeführt, läßt augenblicklich ein Staubblattpaar von oben niedersausen.

Gelbe Taubnessel, Goldnessel

Galeobdolon luteum
Lippenblütengewächse
Aussehen: Klein bis mittelgroß, meist im Bestand, 20–60 cm.
Blüten hell- bis goldgelb, mit aufwärts gebogener Kronröhre, großer, helmförmig gewölbter Oberlippe und dreiteiliger Unterlippe, die auf dem schmalen Mittellappen ein feines Streifenmuster trägt. Blüten zu mehreren in Scheinquirlen in der Blattachsel. Stengel aufrecht oder aufsteigend, vierkantig. Blätter gegenständig, brennnesselähnlich.
Blütezeit: V–VI.
Vorkommen: Auenwälder, Buchenwälder, Laubmischwälder, Waldwege, Schläge, Krautfluren in Gebüschen.
Bestimmungstip: Einzige gelbblühende Art aus der engeren Taubnesselverwandtschaft.

Klebriger Salbei

Salvia glutinosa
Lippenblütengewächse
Aussehen: Große, buschige Pflanze, 50–110 cm.
Blüten hellgelb, bis 4 cm lang, mit gerader Kronröhre, großer, bogig gekrümmter Oberlippe und gerader, etwas gelappter Unterlippe, mit dunklerer Punkt- und Fleckenzeichnung. Stengel aufrecht. Blätter gegenständig, gezähnt, herzförmig.
Blütezeit: VII–X.
Vorkommen: Auenwälder, Schluchtwälder, krautreiche Bergwälder, schattige Böschungen und Wegränder.
Bestimmungstip: Der große, ährig-traubige Blütenstand fühlt sich sehr klebrig an. (Name!)

Großblütiger Fingerhut

Gelber Fingerhut

In den großen Blütenständen der Fingerhut-Arten arbeiten sich die Bestäuber immer von unten nach oben hoch. Dieses Vorgehen erleichtert die Fremdbestäubung.

Großblütiger Fingerhut
Digitalis grandiflora
Rachenblütengewächse
Aussehen: Groß, oft in Gruppen, 40–100 cm. Blüten blaßgelb, innen mit bräunlichem Fleckenmuster, 2,5–4 cm lang, hornförmig aufgebogen, nach vorne glockig, außen und an der Öffnung bewimpert. Die Staubblätter überragen die Krone nicht. Stengel aufrecht, einfach. Blätter wechselständig, sitzend. Giftig! Geschützt!
Blütezeit: VI–IX.
Vorkommen: Zerstreut in Waldböschungen und auf Lichtungen, in sonnigen Staudenfluren auf meist kalkarmen Böden. Vor allem im Bergland und in den Alpen. Fehlt im Tiefland.
Bestimmungstip: Die Blätter sind nur auf der Unterseite behaart und glänzen auf der Oberseite.

Gelber Fingerhut
Digitalis lutea
Rachenblütengewächse
Aussehen: Stattliche Pflanze, meist gesellig, 50–90 cm. Blüten bis 2,5 cm lang, ziemlich schlank, blaßgelb, ohne bräunliches Flecken- oder Adermuster, sehr dicht in aufrechter, einseitswendiger Traube. Stengel unverzweigt, aufrecht, kahl. Blätter wechselständig, schmal-lanzettlich, glänzend, kahl. Giftig! Geschützt!
Blütezeit: VI–VIII.
Vorkommen: Selten in lichten Eichenmischwäldern oder Buchenwäldern, auch an Wegen und auf Schlägen, vor allem im westlichen und südwestlichen Hügel- und Bergland.
Bestimmungstip: Die Blüten haben weit zurückgebogene Kronzipfel.

Kleinblütiges Springkraut

Beim Großen Springkraut öffnen sich die länglichen Kapselfrüchte explosionsartig, wenn sie noch voll im Saft stehen. Dabei schleudern sie ihren Inhalt meterweit weg.

Großes Springkraut

Kleinblütiges Springkraut
Impatiens parviflora
Balsaminengewächse
Aussehen: Mittelgroß bis groß, buschig, meist sehr gesellig, 40–60 cm.
Blüten blaßgelb, bis 1 cm lang, stehen schräg an aufrechter, meist endständiger oder blattachselständiger Traube. Stengel außerhalb der Blütenregion nicht verzweigt, aufrecht. Blätter wechselständig, länglich-oval.
Blütezeit: IV–X.
Vorkommen: Buchenwälder, Eichenmischwälder, Waldränder, schattige Waldwege, Parkgebüsche, Heckensäume und Gärten. Verwilderte und weithin eingebürgerte Zierpflanze. Vom Tiefland bis in mittlere Gebirgslagen.
Bestimmungstip: Der Sporn der blaßgelben Blüte ist kurz und gerade.

Großes Springkraut
Impatiens noli-tangere
Balsaminengewächse
Aussehen: Mittelgroß bis groß, buschig, bestandsbildend, 30–80 cm.
Blüten hellgelb bis zitronengelb, mit fünf Kronblättern, von denen je zwei miteinander verwachsen sind. Den auffälligen Sporn bildet ein umgestaltetes Kelchblatt. Zu 2–4 in hängenden Trauben in den Achseln von Stengelblättern. Stengel aufrecht, ästig, erscheint glasig. Blätter wechselständig, oval, stumpf gezähnt.
Blütezeit: VII–IX.
Vorkommen: Auenwälder, Schluchtwälder, Buchenwälder, Waldwege, schattige Waldränder.
Bestimmungstip: Der lange Blütensporn ist immer abwärts gekrümmt, der Blüteneingang weit geöffnet.

Rachenblütengewächse

Wiesen-Wachtelweizen

Wald-Wachtelweizen

Die Unterlippe des Frauenschuhs (gegenüber) gleicht einem Nesteingang und wird daher bevorzugt von nestsuchenden Sandbienen aufgesucht. Innen ist die Blüte als Kesselfalle konstruiert, die die Besucher unweigerlich an Pollenvorrat und Narbe vorbeiführt.

Wiesen-Wachtelweizen

Melampyrum pratense
Rachenblütengewächse
Aussehen: Klein, lockerrasig, 10–30 cm.
Blüten bis 2 cm lang, mit gerader, gelblich-weißer Kronröhre und kaum geöffnetem Schlund der Kelch erreicht nicht einmal die Hälfte der Kronröhre, in lockerer, einseitswendiger Ähre. Stengel aufrecht oder aufsteigend, ästig, kantig. Blätter gegenständig, ganzrandig, linealisch.
Blütezeit: V–IX.
Vorkommen: Eichen-Hainbuchenwälder, Buchenwälder, Fichten- und Kiefernforste, an Waldwegen und in Heiden. Säurezeiger.
Bestimmungstip: Kommt nicht auf Wiesen vor, sondern ist eine typische Waldart. Kennzeichnend sind die langen, geschlossen erscheinenden hellgelben Rachenblüten. Halbschmarotzer.

Wald-Wachtelweizen

Melampyrum sylvaticum
Rachenblütengewächse
Aussehen: Klein, sehr ästig, meist gesellig im Bestand, 15–25 cm.
Blüten goldgelb, mit aufwärts gekrümmter Kronröhre und normalerweise deutlich geöffnetem Schlund. Der Kelch erreicht etwa zwei Drittel der Kronröhrenlänge. Stengel sehr ästig, aufrecht oder aufsteigend. Blätter gegenständig, ganzrandig, dunkelgrün. Halbschmarotzer.
Blütezeit: V–VIII.
Vorkommen: Fichten-Tannenwälder, Fichtenbestände (auch Forsten), Waldränder, Waldwege. Vorwiegend im Bergland.
Bestimmungstip: Blüten deutlich kleiner als beim Wiesen-Wachtelweizen, kräftig gelb gefärbt.

Frauenschuh

Frauenschuh
Cypripedium calceolus
Orchideengewächse
Aussehen: Stattlich, oft in kleinen Gruppen, 30–50 cm. Blüten bis 8 cm breit. Kelch zweiblättrig, besteht aus einem großen, braunroten, meist nach etwas nach vorn gerollten Blatt und einem schmaleren, senkrecht nach unten weisenden, grünlich-braunen Blatt, das an der Spitze zweizipflig ist und dadurch erkennen läßt, daß es aus zwei ursprünglich getrennten Kelchteilen zusammengewachsen ist. Auffälligster Bauteil ist die große pantoffelförmige Lippe, die dem mittleren Kronblatt entspricht; sie wird bis 4 cm breit und 3 cm lang. Bestäuber sind kleine Bienenarten, die in die schuhförmige Lippe kriechen, diese aber wegen der nach innen gewölbten Ränder nicht auf dem gleichen Weg verlassen können. Sie müssen zwangsläufig an der aus Narbe und Staubblättern bestehenden Säule an der Pantoffelbasis vorbei und erledigen dabei automatisch die Bestäubung. Die Blüte stellt also eine Kesselfalle dar. Stengel leicht behaart, aufrecht, unverzweigt. Blätter wechselständig, breit-elliptisch. Die Pflanze ist sehr selten und streng geschützt!
Blütezeit: V–VII.
Vorkommen: Lichte Laub- und Nadelwälder, krautreiche Gebüsche, überwiegend auf kalkhaltigem Boden. Von der Ebene bis ins Gebirge, fehlt allerdings im nördlichen Tiefland.
Bestimmungstip: Unverwechselbar. Entwickelt eine der größten Einzelblüten aller heimischen Waldblumen.

Nur noch selten findet man so große Bestände des streng geschützten Frauenschuhs.

Waldblumen schützen

"Der Mensch wird um so tiefer und nachhaltiger von der lebendigen Wirklichkeit der Natur bewegt werden, je mehr er über sie weiß", schrieb Konrad Lorenz, einer der bedeutendsten Biologen unseres Jahrhunderts. Vielleicht gehen viele Menschen nur deswegen so gleichgültig und verschwenderisch mit den Naturgütern um, weil sie viel zu wenig oder am Ende gar nichts über die Verletzlichkeit und besondere Ordnung der Natur wissen. Wo der Mensch rücksichtslos in die Natur eingreift, stört oder zerstört er Ursprüngliches und Gewachsenes. Er kann aber auch Frieden mit der Natur schließen und sie überall dort fördern, wo Vielfalt und Naturnähe häufig unnötig auf der Strecke bleiben – nämlich in seinem unmittelbaren Wohnumfeld. Die oft eintönigen Grüninseln im Siedlungsraum oder Gärten bieten einzigartige Chancen, wieder mehr belebende Natur Einzug halten zu lassen. Die Vielfalt der Waldblumen ist da gerade das rechte Mittel.

Der Wald - Lebensraum für Pflanzen und Tiere

Mitteleuropa ist von Natur aus ein Waldland. Etwa ein Drittel - genauer 28,7 Prozent - der gesamten Wirtschaftsfläche entfallen auf Wälder und Forsten. Ausgedehnte, geschlossene und sehr weitflächige Waldgebiete prägen bis heute vor allem die Mittelgebirgslandschaft. In Deutschland beträgt in manchen Landkreisen der besonders waldreichen Bundesländer Rheinland-Pfalz oder Hessen der Waldanteil an der Gesamtfläche sogar weit über 60 Prozent.
Seit altersher steht der Mensch in enger Beziehung zum Wald. Der Wald lieferte schon unseren Vorfahren Nahrung und Brennholz und bot Schutz vor Feinden. Mit zunehmender Bevölkerung und Technisierung wurde der Wald allerdings immer mehr ausgebeutet und zum Lieferanten für Bauholz, Werkholz, Brennholz, bildete aber auch die Grundlage zur Gewinnung von Holzkohle, Harz und Gerberlohe. Erst zu Beginn des 18. Jahrhunderts kam der Mensch zu der Erkenntnis, daß der Wald nicht nur ausgebeutet werden darf, sondern daß man ihn erhalten und pflegen muß. Man erkannte, daß der Wald nicht nur Holzproduzent ist, sondern daß er noch weitaus wichtigere Aufgaben erfüllt: Er spielt eine wichtige Rolle im Wasserhaushalt der Natur. Der Waldboden mit seiner gut zersetzten Humusschicht sorgt dafür, daß die Niederschläge nur langsam abfließen, in tiefere Zonen des Bodens eindringen können und eine Reserve für trockene Zeiten bilden. Im Frühjahr taut der Schnee im Wald langsamer und kann daher stetig in den Boden eindringen, und im Sommer verdunstet auf dem schattigen Waldboden weniger Wasser als auf Wiesen und Ackerland. Zudem befestigen die Wurzeln von Bäumen, Sträuchern und Waldblumen den Boden und beugen der Erosion vor. Die Temperaturen im Wald sind ausgeglichener, als in freier Landschaft. Tagsüber bieten die mehr oder weniger dichten Baumkronen einen guten Schutz vor Überhitzung, nachts kann der Wald nicht so schnell auskühlen. Bäume und Sträucher halten auch den Wind ab und senken die Windgeschwindigkeit.
Wälder sind außerdem sehr wichtige Sauerstoffproduzenten und äußerst effektive Luftfilter.
Nicht zu vergessen der Erholungswert, den ein Waldspaziergang vor allem dem Stadtmenschen bietet!

Lebensraum Wald

Der Wald ist eine, über lange Zeiträume entstandene, sehr vielfältige Gemeinschaft von Pflanzen und Tieren. Nach außen sieht ein Wald fast immer starr oder statisch und gerade so aus, als befände sich hier alles im Gleichgewicht. In Wirklichkeit aber ist die Lebensgemeinschaft Wald ungemein dynamisch. Diese Gemeinschaft ist um so beständiger und langfristiger, je mehr Arten sich daran beteiligen.
Wo der Mensch eingreift und anstelle artenreicher Wälder eintönige Holzplantagen, wie Fichtenforste, anlegt, ist es mit dem Artenreichtum aus. Mit Leichtigkeit breiten sich hier Schädlingswellen (Borkenkäfer und andere Forstschädlinge) aus, die nur mit größter Mühe und meist auch einer Menge Gift zu kontrollieren sind.
Eine möglichst große, sich selbst regulierende Artenvielfalt kann Eingriffe von außen besser ausgleichen und ist für den Fortbestand jeder Lebensgemeinschaft geradezu überlebenswichtig! Wie überall bestimmen die unterschiedlichen Ansprüche an Licht und Boden auch im Wald die Zusammensetzung der Pflanzengesellschaften.
Die beeindruckende Arten-

Zum Bild: Die Türkenbund-Lilie ▶ gehört zu den schönen Waldblumen, die man im Garten anpflanzen kann.

vielfalt der Wälder ist unter anderem auch eine Folge der vielen verschiedenen Teillebensräume, aus denen Wälder bestehen. Da gibt es einerseits die Waldaußenränder als Grenzbereiche zu anderen Wirtschaftsflächen, zu den Feldern, Wiesen, Straßen und Siedlungen, wo sich der Wald mit anderen Lebensräumen verzahnen kann. Auf der anderen Seite durchgliedern ihn auch die sogenannten Waldinnenränder, die Säume entlang der Waldwege, an kleinen Fließgewässern oder Seen, an Waldwiesen, Lichtungen oder Schlägen. Im Wald gibt es Sickerquellen, Quellmulden, kleine Waldmoore, wassergefüllte Gräben an den Wegen, aber auch trockene Steilböschungen und Wegeinschnitte mit Erdanrissen, Felsen und Blockhalden, Sonnenhänge und Schattenschluchten - kurz, eine Fülle ganz verschiedener Kleinlebensräume, die sich aufgrund ihrer Licht-, Wasser- und Bodenverhältnisse gewaltig voneinander unterscheiden und daher entsprechend verschiedene Arten beherbergen. Diese Vielfalt zu erhalten, heißt auch unsere Waldblumen erhalten.

Neue Lebensräume schaffen

Überall bringt die moderne Zivilisationslandschaft die Verarmung der natürlichen Vielfalt mit sich. Fast alle Bereiche der ehedem so abwechslungsreichen Landschaft sind davon betroffen: Riesige Monokulturen im Ackerbau, überdüngte, artenarme Wiesen, regulierte Wasserläufe, Fichtenmonokulturen. Ja selbst die Gärten wurden vereinheitlicht. Viele Gärten sind mit ihrer Rasen-Rosen-Monokultur und den pflegeleichten, meist fremdländischen Koniferen heute mindestens so eintönig wie ein Fichtenforst. Und dabei könnten gerade die Gärten einen wichtigen Ausgleich für verlorene Lebensräume bieten. Immerhin summiert sich die Gartenfläche in Deutschland zur Flächengröße eines mittelgroßen Bundeslandes auf - für den Artenschutz eine großartige Möglichkeit, die man nicht ungenutzt lassen sollte!

Den Wald in den Garten holen

Einen Wald im Garten anlegen zu wollen, das geht nicht, da die Lebensgemeinschaft Wald eine Min-

Zum Bild: Frühjahrsblüher im Garten. Unter Sträuchern und Bäumen lassen sich Frühjahrsblüher am besten ansiedeln. Man muß hier allerdings für einen humosen Boden sorgen. Am besten läßt man das Herbstlaub unter den Sträuchern liegen und verrotten.

Waldblumen im Garten

Zum Bild: Die Moderecke im Garten. In jedem Garten finden sich schattige und feuchte Stellen, die sich sehr gut als Standorte für verschiedene Waldblumen eignen, zum Beispiel Aronstab und Waldmeister, Moose und Farne.

destgröße benötigt, die weit über die eines normalen Gartengeländes geht. Allerdings kann man einzelne waldähnliche Bereiche im Garten anlegen, zum Beispiel einen waldsaumähnlichen Bereich mit heimischen Bäumen, Sträuchern und krautigen Pflanzen, einen Platz für schattenliebende Waldpflanzen, Bereiche für die im Frühjahr blühenden Waldblumen oder eine Moderecke mit alten Stämmen, Farnen und Moosen.

Frühjahrsblüher
Unter einer Hecke aus heimischen Waldsaumgehölzen, wie Schlehe, Weißdorn, Pfaffenhütchen, Kreuzdorn, Hasel oder Holunder, lassen sich besonders gut die Frühjahrsblüher eines Laubwaldes ansiedeln. Hierzu gehören zum Beispiel: Busch-Windröschen, Lerchensporn, Hasenglöckchen, Leberblümchen, Lungenkraut, Scharbockskraut, Günsel, Schneeglöckchen, Märzenbecher, Einbeere und Bär-Lauch. Auch unter den Beerensträuchern im Obstgarten und rings um den einen oder anderen Baum ist meist reichlich Raum für ganze Blütenteppiche, die noch vor dem Laubaustrieb zur Entfaltung kommen. Fast alle diese Pflanzen benötigen jedoch einen humosen Boden. Wir sollten daher das im Herbst gefallene Laub der Bäume und Sträucher liegen- und verrotten lassen und die Pflanzstellen hin und wieder durch Zugabe von Kompost verbessern und lockern.
Der Gartenfachhandel bietet von all diesen (in der Natur zum Teil streng geschützten Arten!) Samen oder sogar Pflanzgut an, so daß keine Notwendigkeit besteht, die ohnehin bedrängte Natur zusätzlich zu plündern!

Die Moderecke
Im Garten fallen immer wieder einmal Baumstümpfe, totes Holz, Äste und Laub an, was man normalerweise zerhäckselt und kompostiert. Aus diesem Pflanzenmaterial läßt sich aber sehr gut im schattigen oder halbschattigen Bereich des Gartens eine Moderecke herstellen.
Dieser Platz sollte stets recht feucht gehalten und vor Austrocknung geschützt werden. Schon wenn wir diesen Bereich, der aller-

dings nicht zu klein sein sollte, einige Zeit sich selbst überlassen, siedeln sich hier Moose, Holzpilze und Gräser an. Wollen wir diese Zeit jedoch nicht abwarten, so "verbessert" man die Moderecke am besten mit Laubstreu aus dem Wald und bereits bemoosten Rindenstücken und pflanzt Farne, Efeu und verschiedene schatten- und feuchtigkeitsliebendeWaldblumen an. Zum Beispiel Aronstab, Wald-Sauerklee, Moschuskraut, Nordisches Moosglöckchen, Rundblättriges Wintergrün und Schattenblume.

Pflanzen für schattige Plätze

Kein Garten kann überall gleichmäßig sonnig sein. Auch die Pflanzbeete rund um das Haus haben ihre Schattenseiten und erweisen sich oft als gärtnerische Problemzone, für die dann wieder das langweilige Einheitsgrün fremdländischer Zwergkoniferen oder ökologisch völlig bedeutungsloser Bodendecker herhalten müssen. Dabei eignen sich viele unserer heimischen Waldpflanzen gerade für die lichtärmeren Standorte in den Gebüschwinkeln oder an der beschatteten Hausecke bestens.
Abgesehen von sehr hübschen Waldfarnen wie Frauenfarn, Schildfarn, Dornfarn, Hirschzunge oder Tüpfelfarn (im Gartenfachhandel erhältlich!) kann man schattige oder halbschattige Gartenbereiche auch mit verschiedenen Waldblumen verschönern. Haselwurz, Waldmeister und Immergrün sind eine echte Alternative zu herkömmlichen Bodendeckern.
Auch Aronstab und Maiglöckchen gedeihen sehr gut im Halbschatten. Hochwüchsige Schattenspezialisten sind vor allem die hübsche Wald-Witwenblume, der Klebrige Salbei oder die Breitblättrige Glockenblume.
Für die halbschattigen Randzonen könnte man unter anderem Silberwurz, Berg-Flockenblume, Geißbart und Springkraut vorsehen.
Zusätzlich bieten sich für die abwechslungsreiche Bepflanzung auch verschiedene dekorative Waldgräser (beispielsweise Perlgras, Flattergras, Wald-Schwingel) und Grasverwandte wie Wald-Simse oder verschiedene Großseggen an.

Der Schlag

Dem Kahlschlag im Wald entspricht ein sonniger, trockener und recht nährstoffreicher Standort im Garten, auf dem ebenfalls Holzreste, Äste und Rindenstücke verrotten: der Schlag, das Gegenstück zur Moderecke.
Auf diesem Schlag lassen sich sehr gut höhere und sehr schön blühende Waldblumen, die entweder auf Kahlschlägen oder am Waldsaum wachsen, anpflanzen, zum Beispiel Roter Fingerhut und Schmalblättriges Weidenröschen. Auf dem Schlag werden sich aber im Laufe der Zeit auch auf ganz natürlichem Wege der Samenverbreitung Wildpflanzen ansiedeln, Gräser, Staudenpflanzen und Sträucher.
Es liegt in unserem Interesse, was hier wachsen soll und was nicht.

Der schöne, wilde Waldgarten, Lebens- und Erlebnisraum

Waldbäume,- sträucher und -blumen bringen eine Menge Leben in den Garten, auf die ein Naturfreund nicht verzichten sollte.
Insekten sind bestimmt die ersten Zuzügler, die das neue Pflanzenangebot nutzen. Die nektar- und pollenreichen Waldblumen ziehen schon bald viele bunte Schmetterlinge, Bienen, Hummeln, Schwebfliegen und Wollschweber an. Und diese kleinen Tiere wiederum ziehen größere nach sich: Meisen, Rotkehlchen, Garten- und Hausrotschwanz, Fliegenschnäpper, Zilpzalp, Gartengrasmücke, Zaunkönig und viele andere, immer seltener werdende Singvögel. Diese Sänger schätzen nicht nur das verschiedenartige Nahrungsangebot an Insekten, Früchten und Samen, sondern auch die Bäume, Gehölze und Stauden in unterschiedlicher Wuchshöhe und Dichte. Hier finden sie Nist- und Ruheplätze und jede Menge Nahrung. So bieten Waldblumen nicht nur einen abwechlungsreichen Anblick, sondern locken noch so allerhand interessantes Getier in unseren Garten!

Zum Bild: Wald-Bingelkraut und Hohler Lerchensporn sind nur zwei von vielen gartentauglichen Waldpflanzen, mit denen man schattige Winkel oder Säume schmücken kann. ▶

Zum Nachschlagen

Arten- und Sachregister

Halbfett gesetzte Seitenzahlen verweisen auf Farbfotos

A

Abkürzungen 55
Acer pseudoplatanus 40
Aconitum napellus **121,** 121
Aconitum paniculatum 121
Aconitum vulparia **138,** 138
Actaea spicata **92,** 92
Adenostyles alliariae **68,** 68
Aderung 19
Adoxa moschatellina **128,** 128
Aegopodium podagraria **96,** 96
Ahorn, Berg- 40
Ähre 14
Ährige Teufelskralle **95,** 95
Ähriger Ehrenpreis **109,** 109
Ähriges Christophskraut **92,** 92
Ajuga pyramidalis 122
Ajuga reptans **122,** 122
Akelei, Wald- **110,** 110
Alliaria petiolata **82,** 82
Allium ursinum **98,** 98
Alpendost, Grauer **68,** 68
Alpen-Milchlattich **116,** 116
Anemone nemorosa **93,** 93
Anemone ranunculoides **134,** 134
Anemone sylvestris **93,** 93
Angelica sylvestris **96,** 96
Antennaria dioica **69,** 69
Aquilegia vulgaris **110,** 110
Aronstab 23, **76,** 76
Aronstab, Früchte 2/3
Artenauswahl 54
Arum maculatum **76,** 76
Aruncus dioicus **92,** 92
Asarum europaeum **62,** 62
Astrantia major **97,** 97
Atropa belladonna **62,** 62
Attich **95,** 95
Auenwälder 42
Ausdauernde Lupine 120
Ausdauerndes Silberblatt **59,** 59

B

Bacherlen-Eschenwald 44
Bacherlenwald 44
Baldrian, Berg- **70,** 70
Baldrian, Echter **91,** 91
Bär-Lauch 45, **98,** 98
Barbaraea vulgaris **127,** 127
Barbarakraut, Echtes **127,** 127
Beeren 26
Berg-Ahorn 40
Berg-Baldrian **70,** 70
Berg-Flockenblume **116,** 116
Berg-Platterbse 75
Berg-Waldhyazinthe **105,** 105
Berg-Weidenröschen **61,** 61
Bergwälder 47
Besenheide 48, **66,** 66
Bestäubung 20
Bestäubungshelfer 20
Bingelkraut, Wald- **128,** 128, **151**
Bitteres Schaumkraut **83,** 83
Bittersüßer Nachtschatten **111,** 111
Blattadern 17
Blattaderung 19
Blätter 16
Blattfläche 16
Blattgrün 28
Blattlaushonig 26
Blattnerven 17
Blattränder 17
Blattrandformen **19**
Blattspreite 16
Blattstellungen **16**
Blattstiel 16
Blaubeere **66,** 66
Blaue Lupine **120,** 120
Blauer Eisenhut **121,** 121
Blaustern, Zweiblättriger **115,** 115
Bleiches Waldvöglein **104,** 104
Blütenaufbau 10
Blütenboden 10
Blütenformen **12**
Blütenhülle 10
Blütenkrone 12
Blütensilhouetten **55**
Blütensporne 20
Blütenstände **14**
Blütenstaub 12, 20
Blütenstiel 10
Blütensymmetrie 13
Borstenhaare 26
Breitblättrige Glockenblume **113,** 113
Breitblättrige Sumpfwurz **79,** 79
Buche, Rot- 32
Buchenkeimling **32**
Buchenwälder 32
Busch-Windröschen **93,** 93

C

Calluna vulgaris **66,** 66
Campanula latifolia **113,** 113
Campanula persicifolia **112,** 112
Campanula rotundifolia **113,** 113
Campanula trachelium **112,** 112
Cardamine amara **83,** 83
Cardamine impatiens **83,** 83
Centaurea montana **116,** 116
Cephalanthera damasonium **104,** 104
Cephalanthera longifolium 104
Cephalanthera rubra **79,** 79
Chlorophyll 28
Christophskraut, Ähriges **92,** 92
Chrysosplenium alternifolium **127,** 127
Chrysosplenium oppositifolium 127
Cicerbita alpina **116,** 116
Circaea intermedia 104
Circaea lutetiana **104,** 104
Clinopodium vulgare 77
Convallaria majalis **102,** 102
Corydalis bulbosa **74,** 74
Corydalis solida **74,** 74
Cynoglossum officinale **65,** 65
Cypripedium calceolus **143,** 143

D

Dentaria bulbifera **58,** 58
Dentaria enneaphyllos **82,** 82
Dentaria pentaphyllos **58,** 58
Dianthus deltoides **64,** 64
Dictamnus albus **72,** 72
Digitalis grandiflora **140,** 140
Digitalis lutea **140,** 140
Digitalis purpurea **73,** 73
Diptam **72,** 72
Döldchen 14
Dolde 14
Doldenrispe 15
Dreinervige Nabelmiere 87
Duft 21

E

Echte Hundszunge **65,** 65
Echte Nelkenwurz **130,** 130
Echter Baldrian **91,** 91
Echtes Barbarakraut **127,** 127
Echtes Lungenkraut **65,** 65
Ehrenpreis, Ähriger **109,** 109
Ehrenpreis, Gamander- **108,** 108
Ehrenpreis, Großer **109,** 109
Ehrenpreis, Wald- **108,** 108
Eiche, Flaum- 38
Eiche, Stiel- 36
Eiche, Trauben- 36

Arten- und Sachregister

Eichelmast 37
Eichen-Hainbuchenwälder 37
Eichenmischwälder 37
Eichen-Ulmenwald 44
Eichenwälder 36
Eiförmige Teufelskralle 117
Einbeere 40, **43,** 126, 126
Einblütiges Moosauge 89, 89
einfache Blätter 17, 19
einkeimblättrig 19
Eisenhut, Blauer **121,** 121
Eisenhut, Gelber **138,** 138
Eisenhut, Rispiger 121
Eisenhut-Hahnenfuß **94,** 94
Engelwurz, Wald- **96,** 96
Enterhaken 26
Epilobium angustifolium **60,** 60
Epilobium hirsutum **60,** 60
Epilobium montanum **61,** 61
Epilobium parviflorum 61
Epilobium roseum **61,** 61
Epipactis helleborine **79,** 79
Erdbeer-Fingerkraut **88,** 88
Erdbeere, Wald- **18, 88,** 88
Erica herbacea **67,** 67
Erläuterungen zum Bestimmungsteil 55
Erosionsschutz 146
Esche, Gemeine 40
Eupatoria cannabinum **68,** 68
Euphorbia amygdaloides **129,** 129
Euphorbia cyparissias **129,** 129

F

Fagus sylvatica 32
Fallschirmfrüchte 25
Fallschirmsegler 24
Farbsignale 21
Farne 42
Feuer-Lilie 71
Ficaria verna **135,** 135
Fichtenforste 50
Fichtenspargel **29, 130,** 130
Fichtenwälder 50
fiedernervig 19
fiederspaltig 19
Filament 12
Fingerhut, Gelber **140,** 140
Fingerhut, Großblütiger **140,** 140
Fingerhut, Roter **11, 52/53, 73,** 73
Fingerkraut, Erdbeer- **88,** 88
Finger-Zahnwurz **58,** 58
Flaum-Eiche 38
Flaumeichenwald 38
Flockenblume, Berg- **116,** 116
Föhre 46
Fragaria vesca **88,** 88
Frauenschuh **143,** 143, **144/145**
Fraxinus excelsior 40
Fruchtblätter 13
Fruchtentwicklung 20
Fruchtknoten 13
Frühblüher 28
Frühjahrsblüher 148, 149
Frühlings-Knotenblume **100,** 100
Frühlings-Platterbse **75,** 75
Fuchs-Kreuzkraut **137,** 137

G

Gagea lutea **135,** 135
Galanthus nivalis **101,** 101
Galeobdolon luteum **139,** 139
Galium aparine **84,** 85
Galium boreale **85,** 85
Galium odoratum **84,** 84
Galium rotundifolium **85,** 85
Galium sylvaticum 84
Gamander-Ehrenpreis **108,** 108
ganzrandig 19
Gebirgswald 48
gebuchtet 19
gefiedert 19
Gefingerter Lerchensporn **74,** 74
Gefleckte Taubnessel **77,** 77
Gegenblättriges Milzkraut 127
gegenständig 16
Geißbart, Wald- **92,** 92
Geißfuß **96,** 96
gekerbt 19
gelappt 19
Gelbe Taubnessel **139,** 139
Gelber Eisenhut **138,** 138
Gelber Fingerhut **140,** 140
Gelbes Windröschen **134,** 134
Gelbstern, Wald- **135,** 135
Gemeine Esche 40
Gemeine Knoblauchskrauke **82,** 82
Gemeines Katzenpfötchen **69,** 69
Geranium robertianum **63,** 63
Geranium sylvaticum **63,** 63
gesägt 19
geteilte Blätter 17, **19**
Geum urbanum **130,** 130
Gewöhnliche Nachtviole **59,** 59
Gewöhnlicher Gilbweiderich **132,** 132
gezähnt 19
Giersch, Zaun- **96,** 96
Gilbweiderich, Gewöhnlicher **132,** 132
Gilbweiderich, Hain- **132,** 132
Gilbweiderich, Punktierter 132
Glechoma hederacea **123,** 123
Glockenblume, Breitblättrige **113,** 113
Glockenblume, Nesselblättrige **112,** 112
Glockenblume, Pfirsichblättrige **112,** 112
Glockenblume, Rundblättrige **113,** 113
Gold-Hahnenfuß **134,** 134
Goldnessel **139,** 139
Goldrute, Kanadische **137,** 137
Goldrute, Späte 137
Grauer Alpendost **68,** 68
Griffel 13
Großblütiger Fingerhut **140,** 140
Große Sterndolde **97,** 97
Große Sternmiere **86,** 86
Großer Ehrenpreis **109,** 109
Großes Hexenkraut **104,** 104
Großes Springkraut **20, 141,** 141
grundständig 18
Grüne Nieswurz **131,** 131
Gundelrebe **123,** 123
Gundermann **123,** 123
Günsel, Kriechender **122,** 122
Günsel, Pyramiden- 122

H

Habichtskraut, Wald- **136,** 136
Hahnenfuß, Eisenhut- **94,** 94
Hahnenfuß, Gold- **134,** 134
Hahnenfuß, Platanenblättriger 94
Hain-Gilbweiderich **132,** 132
Hain-Kreuzkraut 137
Hain-Sternmiere **86,** 86
Hain-Veilchen 118
Hainmieren-Schwarzerlenwald 44
Hainsimsen-Rotbuchenwald 34
Halbschmarotzer 29
handförmig 19
Hartholzaue 44
Haselwurz **62,** 62
Hasenglöckchen **115,** 115
Hasenlattich **67,** 67
Heide, Schnee- **67,** 67
Heidekraut **66,** 66
Heidekrautgewächse 46
Heide-Nelke **64,** 64
Heidelbeere **66,** 66
Heidelbeere, Früchte 47
Heil-Ziest **78,** 78
Helleborus foetidus **131,** 131
Helleborus viridis **131,** 131
Hepatica nobilis **114,** 114
Hesperis matronalis **59,** 59
Hexenkraut, Großes **104,** 104
Hexenkraut, Mittleres 104
Hieracium murorum **136,** 136
Hirschzunge 42
Hohler Lerchensporn **74,** 74
Holunder, Zwerg- **95,** 95
Honigdrüsen 20
Hudewälder 36
Huflattich **13, 136,** 136
Hügel-Veilchen **118,** 118
Hüllchen 14
Hunds-Veilchen **119,** 119
Hundszunge, Echte **65,** 65
Hutungswälder 36
Hyacinthoides non-scripta **115,** 115

I

Immergrün, Kleines **110,** 110
Impatiens noli-tangere **141,** 141
Impatiens parviflora **141,** 141

Arten- und Sachregister

Insekten 20
Internodien 16

K
Kanadische Goldrute **137,** 137
Kapselfrüchte 27
Katzenpfötchen, Gemeines **69,** 69
Kelchblätter 10
Kennfarben-Code 54
Kesselfalle 22
Kiefer 46
Kiefernwälder 46
Klebriger Salbei **139,** 139
Kleinblütiges Springkraut **141,** 141
Kleinblütiges Weidenröschen 61
Kleines Immergrün **110,** 110
Klemmfalle 22
Kletten-Labkraut **84,** 85
Klima 146
Knautia arvensis 70
Knautia dipsacifolia **70,** 70
Knoblauchsrauke, Gemeine **82,** 82
Knoten 16
Knotenblume, Frühlings- **100,** 100
Knotenblume, Sommer- 100
Knotenfuß **103,** 103
Köpfchen 14
Korbblüte 14
kreuzgegenständig 16
Kreuzkraut, Fuchs- **137,** 137
Kreuzkraut, Hain- 137
Kriechender Günsel **122,** 122
Kronblätter 12

L
Labkraut, Kletten- 84, **85**
Labkraut, Nordisches **85,** 85
Labkraut, Rundblättriges **85,** 85
Labkraut, Wald- 84
Labkraut-Eichen-Hainbuchenwald 37
Lamium maculatum **77,** 77
Lamium purpureum 77
Landehilfen für Insekten 22
Längsleisten 16
lanzettlich 19
Lapsana communis **136,** 136
Lathraea squamaria **72,** 72
Lathyrus montanus 75
Lathyrus vernus **75,** 75
Laubwälder 32
Lauch, Bär- **98,** 98
Lebensraum 146
Leberblümchen **4/5 114,** 114
Lenkhilfen für Insekten 22
Lerchensporn, Gefingerter **74,** 74
Lerchensporn, Hohler **74,** 74
Lerchensporn 38, 38, 39, **151**
Leucojum aestivum 100
Leucojum vernum **100,** 100
Lichtnelke, Rote **64,** 64
Lilie, Feuer- 71
Lilie, Türkenbund- **71,** 71, **147**
Lilium bulbiferum 71
Lilium martagon **71,** 71
Lippenblüten 10
Lunaria rediviva **59,** 59
Lungenkraut, Echtes **65,** 65
Lupine, Ausdauernde 120
Lupine, Blatt 17
Lupine, Blaue **120,** 120
Lupinus perennis 120
Lupinus polyphyllus **120,** 120
Lysimachia nemorum **132,** 132
Lysimachia nummularia **133,** 133
Lysimachia punctata 132
Lysimachia vulgaris **132,** 132

M
Maianthemum bifolium **103,** 103
Maiglöckchen **102,** 102
Mandelblättrige Wolfsmilch **129,** 129
männlicher Blütenteil 12
Melampyrum pratense **142,** 142
Melampyrum sylvaticum **142,** 142
Mercurialis perennis **128,** 128
Milchlattich, Alpen- **116,** 116
Milzkraut, Gegenblättriges 127
Milzkraut, Wechselblättriges **127,** 127
Mittleres Hexenkraut 104
Moderecke 149
Moehringia trinervia 87
Moneses uniflora **89,** 89
Monotropa hypopitys **130,** 130
Moosauge, Einblütiges **89,** 89
Moose 42
Moosglöckchen, Nordisches **90,** 90
Moschuskraut **128,** 128
Mykorrhiza 29
Myosotis sylvatica **111,** 111

N
Nabelmiere, Dreinervige 87
Nachtschatten, Bittersüßer **111,** 111
Nachtviole, Gewöhnliche **59,** 59
Nadelwälder 46
Narbe 13
Nektar 20
Nektarien 20
Nelke, Heide- **64,** 64
Nelkenwurz, Echte **130,** 130
Nervatur 19
Nesselblättrige Glockenblume **112,** 112
netznervig 19
Niederblätter 18
nierenförmig 19
Nieswurz, Grüne **131,** 131
Nieswurz, Stinkende **131,** 131
Nordisches Labkraut **85,** 85
Nordisches Moosglöckchen **90,** 90

O
oberständiger Fruchtknoten 13
Orchideen-Kalkbuchenwald 34
oval 19
Oxalis acetosella **87,** 87

P
parallelnervig 19
Paris quadrifolia **126,** 126
Pelorien 11
Perlgras-Rotbuchenwald 34
Pestwurz, Rote **69,** 69
Petasites hybridus **69,** 69
pfeilförmig 19
Pfennigkraut **133,** 133
Pfirsichblättrige Glockenblume **112,** 112
Phyteuma nigrum **117,** 117
Phyteuma ovatum 117
Phytheuma spicatum **95,** 95
Pinus sylvestris 46
Platanenblättriger Hahnenfuß 94
Plathanthera bifolia **105,** 105
Plathanthera chlorantha **105,** 105
Platterbse, Berg- 75
Platterbse, Frühlings- **75,** 75
Pollen 12
Pollenblumen 21
Pollensäcke 12
Pollenübertragung 20
Polygonatum multiflorum **99,** 99
Polygonatum odoratum **99,** 99
Polygonatum verticillatum **98,** 98
Potentilla sterilis **88,** 88
Prenanthes purpurea **67,** 67
Primel, Wiesen- 133
Primula elatior **133,** 133
Primula veris 133
Pulmonaria officinalis **65,** 65
Punktierter Gilbweiderich 132
Pyramiden-Günsel 122
Pyrola rotundifolia **89,** 89

Q
Quell-Sternmiere 87
Quercus petraea 36
Quercus pubescens 38
Quercus robur 36
Quirlblättrige Weißwurz **98,** 98
quirlständig 16

R
radiärsymmetrisch 12
Rainkohl **136,** 136

Arten- und Sachregister

Ranunculus aconitifolius **94,** 94
Ranunculus auricomus **134,** 134
Ranunculus platanifolius 94
Rauhhaariges Veilchen **119,** 119
Reserveorgane 28
Reusenhaare 22
Rispe 15
Rispiger Eisenhut 121
Röhrenblüten 10
Rosenrotes Weidenröschen **61,** 61
Rot-Buche 32
Rote Lichtnelke **64,** 64
Rote Pestwurz **69,** 69
Rote Taubnessel 77
Roter Fingerhut **11, 52/53, 73,** 73
Rotes Waldvöglein **79,** 79
Rühr-mich-nicht-an 42
Rundblättrige Glockenblume **113,** 113
Rundblättriger Steinbrech **90,** 90
Rundblättriges Labkraut **85,** 85
Rundblättriges Wintergrün **89,** 89

S

Salbei, Klebriger **139,** 139
Salvia glutinosa **139,** 139
Sambucus ebulus **95,** 95
Samenansatz 20
Samenschleudern 27
Samenverbreitung 24
Sanicula europaea **97,** 97
Sanikel, Wald- **97,** 97
Sauerklee, Wald- **6, 87,** 87
Sauerstoffproduzent 146
Saxifraga rotundifolia **90,** 90
Scharbockskraut **135,** 135
Schattenblume **43, 103,** 103
Schattenpflanzen 40, 150
Schattenspezialisten 28
Schaumkraut, Bitteres **83,** 83
Schaumkraut, Spring- **83,** 83
Schirmrispe 15
Schlagpflanzen 150
Schluchtwälder 39
Schlüsselblume, Wald-, **133,** 133
Schmalblättriges Weidenröschen **8/9, 60,** 60
Schmarotzer 29
Schnee-Heide **67,** 67
Schneeglöckchen **101,** 101
Schraubenflieger 24
Schuppenwurz **29, 72,** 72
Schwalbenwurz, Weiße **91,** 91
Schwarze Teufelskralle **117,** 117
Schwertblättriges Waldvöglein 104
Scilla bifolia **115,** 115
Selbstbestäubung 44
Senecio fuchsii **137,** 137
Senecio nemorensis 137
Sickerquellen 148
Siebenstern **94,** 94
Silberblatt, Ausdauerndes **59,** 59
Silene dioica **64,** 64
Solanum dulcamara **111,** 111
Solidago canadensis **137,** 137
Solidago gigantea 137
Sommer-Knotenblume 100
Späte Goldrute 137
spiegelsymmetrische Blüten 12
spiralig 16
Springkraut, Kleinblütiges **141,** 141
Springkraut, Großes **20,** 40, **141,** 141
Spring-Schaumkraut **83,** 83
Stachys officinalis **78,** 78
Stachys sylvatica **78,** 78
Staubbeutel 12
Staubblätter 12
Staubfaden 12
Steckbrieftexte 54
Steinbrech, Rundblättriger **90,** 90
Stellaria alsine 87
Stellaria holostea **86,** 86
Stellaria nemorum **86,** 86
Stengelblätter 18
Sterndolde, Große **97,** 97
Sternmiere, Große **86,** 86
Sternmiere, Hain- **86,** 86
Sternmiere, Quell- 87
Stiel-Eiche 36
Stinkende Nieswurz **131,** 131
Stinkender Storchschnabel **15, 63,** 63
Storchschnabel, Stinkender **15, 63,** 63
Storchschnabel, Wald- **63,** 63
strahlenförmige Blüten 12
streifennervig 19
Streptopus amplexifolius **103,** 103
Streunutzung 36
Strichmuster 22
Sumpfwurz, Breitblättrige **79,** 79

T

Tannenwälder 48
Taubnessel, Gefleckte **77,** 77
Taubnessel, Gelbe **139,** 139
Taubnessel, Rote **20,** 77
Teufelskralle, Ährige **95,** 95
Teufelskralle, Eiförmige 117
Teufelskralle, Schwarze **117,** 117
Theken 12
Tollkirsche **62,** 62
Tragblätter 18
Traube 15
Trauben-Eiche 36
Traubenkirschen-Eschenwald 44
Trientalis europaea **94,** 94
Türkenbund-Lilie **71,** 71, **147**
Tussilago farfara **136,** 136

U

ungeteilte Blätter 17, **19**
unterständiger Fruchtknoten 13
UV-Licht 22

V

Vaccinium myrtillus **66,** 66
Valeriana montana **70,** 70
Valeriana officinalis **91,** 91
Veilchen, Fruchtkapseln 27
Veilchen, Hain- 118
Veilchen, Hügel- **118,** 118
Veilchen, Hunds- **119,** 119
Veilchen, Rauhhaariges **119,** 119
Veilchen, Wald- **118,** 118
Veilchen, Zweiblütiges **138,** 138
Vergißmeinnicht, Wald- **111,** 111
Veronica chamaedrys **108,** 108
Veronica officinalis **108,** 108
Veronica spicata **109,** 109
Veronica teucrium **109,** 109
Vicia sepium **120,** 120
Vielblütige Weißwurz **99,** 99
Vinca minor **110,** 110
Vincetoxicum hirundinaria **91,** 91
Viola biflora **138,** 138
Viola canina **119,** 119
Viola collina **118,** 118
Viola hirta **119,** 119
Viola reichenbachiana **118,** 118
Viola riviniana 118

W

Wachtelweizen, Wald- 29, **142,** 142
Wachtelweizen, Wiesen- **142,** 142
Wald-Akelei **110,** 110
Wald-Bingelkraut **128,** 128, **151**
Wald-Ehrenpreis **108,** 108
Wald-Engelwurz **96,** 96
Wald-Erdbeere **18, 88,** 88
Wald-Geißbart **92,** 92
Wald-Gelbstern **135,** 135
Wald-Habichtskraut **136,** 136
Wald-Kiefer 46
Wald-Labkraut 84
Wald-Sanikel **97,** 97
Wald-Sauerklee **6, 87,** 87
Wald-Schlüsselblume **133,** 133
Wald-Storchschnabel **63,** 63
Wald-Veilchen **118,** 118
Wald-Vergißmeinnicht **111,** 111
Wald-Wachtelweizen 29, **142,** 142
Wald-Windröschen **93,** 93
Wald-Witwenblume **70.** 70
Wald-Ziest **78,** 78
Waldaußenränder 148
Waldgeschichte 32
Waldhyazinthe, Berg- **105,** 105
Waldhyazinthe, Zweiblättrige **105,** 105
Waldinnenränder 148
Waldmeister **84,** 84
Waldmeister-Rotbuchenwald 34
Waldsäume 148
Waldvöglein, Bleiches **104,** 104

Die Fotografen, Impressum

Waldvöglein, Rotes **79,** 79
Waldvöglein, Schwertblättriges 104
Waldweide 36
Wasserdost **68,** 68
Wasserhanf **68,** 68
Wasserhaushalt 146
Wechselblättriges Milzkraut **127,** 127
wechselständig 16
weiblicher Blütenteil 13
Weichholzaue 44
Weidenröschen, Berg- **61,** 61
Weidenröschen, Kleinblütiges **61,** 61
Weidenröschen, Rosenrotes **61,** 61
Weidenröschen, Samen 25
Weidenröschen, Schmalblättriges **8/9, 60,** 60
Weidenröschen, Zottiges 44, **60,** 60
Weiße Schwalbenwurz **91,** 91
Weiße Zahnwurz **82,** 82
Weißwurz, Quirlblättrige **98,** 98
Weißwurz, Vielblütige **99,** 99
Weißwurz, Wohlriechende **99,** 99
Wicke, Zaun- **120,** 120
Wiesen-Primel 133
Wiesen-Wachtelweizen **142,** 142
Wiesen-Witwenblume 70
Windbestäubung 40
Windröschen, Busch- **93,** 93
Windröschen, Gelbes **134,** 134
Windröschen, Wald- **93,** 93
Windverbreitung 24
Wintergrün, Rundblättriges **89,** 89
Wirbeldost 77
wirtelig 16
Witwenblume, Wald- **70,** 70
Witwenblume, Wiesen- 70
Wohlriechende Weißwurz 99
Wolfsmilch, Mandelblättrige **129,** 129
Wolfsmilch, Zypressen- **129,** 129
Wurzelschmarotzer 29

Z

Zahnwurz, Finger- **58,** 58
Zahnwurz, Weiße **82,** 82
Zahnwurz, Zwiebel- **58,** 58
Zaun-Giersch **96,** 96
Zaun-Wicke **120,** 120
Ziest, Heil- **78,** 78
Ziest, Wald- **78,** 78
Zottiges Weidenröschen 44, **60,** 60
Zungenblüten 10
zusammengesetzte Blätter 17, **19**
Zweiblättrige Waldhyazinthe **105,** 105
Zweiblättriger Blaustern **115,** 115
Zweiblütiges Veilchen **138,** 138
zweikeimblättrig 19
Zwerg-Holunder **95,** 95
Zwiebel-Zahnwurz **58,** 58
zygomorph 12
Zypressen-Wolfsmilch **129,** 129

Der Autor:
Dr. Bruno P. Kremer, Botaniker und Hochschullehrer an der Universität Köln.
Autor vieler erfolgreicher Pflanzen- und Naturbücher (u.a. des GU Naturführers Wiesenblumen) und Mitarbeiter an zahlreichen wissenschaftlichen und populärwissenschaftlichen Zeitschriften.

Die Fotografen:
Angermayer: Seite 99 re.; Angermayer/Pfletschinger: Seite U2 Klappe (Einbeere); Angermayer/Reinhard: Seite 143; Brandl: Seite 13; de Meester: Seite 6, 25; Diedrich: Seite 52/53, 60 re., 124/125; Eisenbeiss: Seite U1, 65 li., 67 li., 84, 89 re., 94 re.u.; Frantz: Seite U2 (Wald-Witwenblume, Breitblättrige Sumpfwurz, Berg-Waldhyazinthe); Fürst: Seite U4 o.li.; Garnweidner: Seite 85 li.u., 117 re., 119 li., re.;Günther: Seite 129 re.; Harrer: Seite 89 li., 144/145; Hinz: Seite U2 (Kleines Immergrün, Großes Springkraut), 17, 59 li., 64 re., 80/81, 136 li.o., 137 re., 141 li.; Jacobi: Seite U2 (Große Sterndolde), 29 li., 71 li., 101 re. 135 re.;Klindwort: Seite 39; Körholz: Seite 82 re., 130 li.; Kremer: Seite 27, 38, 69 li., 122 li., U3 (Krummfußmoos, Brunnen-Lebermoos, Starknervenmoos, Widertonmoos); Labhardt: U2 Klappe (Zottiges Weidenröschen), U2 (Rote Lichtnelkc, Leberblümchen), 15, 23, 26, 78 li., 120 re., U3 (Gewelltes Sternmoos), U3 Klappe (Sumpf-Bärlapp, Etagenmoos); Lauber: U2 Klappe (Bitteres Schaumkraut, Wald-Ehrenpreis), U2 (Pfennigkraut), 21, 29 re., 43 li., 51, 58 re., 59 re., 61 li, 63 li., 66 li., 70 li., 74 li., 75, 78 re., 82 li., 83 re., 85 li.o., 86 li., 88 li.o., re., 90 re., 94 li., re.o., 96 re., 98 re.u., 99 li., 101 li., 103 li., 104 li., 105 re., 108 re., 109 li., re., 111 li.u., 113 li., re., 114, 117 li., 118 re., 122 re., 127 re., 134 re., 135 li., 136 li.u., re., 140 re., 147, 151, U3 Klappe (Torfmoos), U4 u.; Laux: Seite 67 re., 83 li., 86 re., 92 re., 96 li., 97 re., 104 re., 111 re., 112 re., 118 li., 120 li., 130 re., 142 re.; Layer: Seite 45, 131 li.; Leis: Seite U4 o.re.; Limbrunner: Seite 20, 36, 160 (Adlerfarn), U3 Klappe (Thujamoos); Marktanner: Seite 98 li., 110 li.; Meier: Seite 121 li., re.; Müller, Karl-Friedrich: Seite 105 li.o., li.u.; Müller, Willi: Seite 43, 71 re., 102 li., U4 Klappe; Nagel: Seite 73 li.; Partsch: Seite 79 li.o., li.u.; Pforr: Seite 62 li., 65 re.u., 69 re., 112 li., 126 re.o., 138 li., 160 (Rippenfarn, Straußfarn, Wurmfarn), U3 (Haarmützenmoos, Frauenhaarmoos); Reinhard: Seite 2/3, 4/5, 37, 58 li., 61 re., 63 re., 64 li., 79 re., 91 li., 92 li., 93 re., 103 re., 106/107, 108 li., 115 re., 116, 123, 126 li., 128 li., 131 re., 132 li., re., 133 re., 139 re., 142 li., 158/159; Reupert: Seite 77; Rodenkirchen: Seite 30/31, 48; Rohdich: Seite 141 re.; Scherz: Seite 18, 60 li., 62 re., 73 re., 76 re., 91 re., 93 li., 95 re., 102 re., 110 re., 111 li.o., 126 re.u., 134 li., 137 li., 138 re.; Schmelzenbach: Seite 8/9, 72 re., 88 li.u.; Schneiders, Marco: Seite 41; Schneiders, Ulrike: Seite 35; Schönfelder: Seite 85 re.; Schwenk: Seite 56/57; Seidl: Seite 128 re., 129 li., 140 li.; Silvestris/Böhler: Seite 127 li.; Silvestris/Roland: Seite U2 (Wald-Erdbeere); Tessenow: Seite 11; Vogt: Seite 98 re.o.; Weber: Seite U1 Klappe, 97 li., 115 li.; Willner: Seite U2 (Wald-Veilchen, Huflattich), 139 li.; Wisniewski: Seite 76 li., 87; Wothe: Seite 33, 47, 49, 66 re., 68 re., 70 re., 90 li., 95 li., 100, 133 li., 160 (Frauenfarn); Zeininger: Seite 68 li., 72 li.; Zettl: Seite 65 re.o., 74 re.

Die Deutsche Bibliothek-CIP-Einheitsaufnahme
GU-Naturführer Waldblumen: bestimmen, kennenlernen, schützen; die wichtigsten Blütenpflanzen in Laubwald, Nadelwald und Bergwald; bestimmen mit GU-Kennfarben-Code; Ratgeber: Waldblumen im Garten / Bruno P. Kremer. - 1.Aufl. - München: Gräfe und Unzer, 1992
(GU-Naturführer)
ISBN 3-7742-1648-7
NE: Kremer, Bruno P.

1.Auflage 1992

Redaktionsleitung: Hans Scherz
Stellvertretende Redaktionsleitung: Renate Weinberger
Redaktion: Sonnhild Bischoff
Herstellung: Verena Römer, Johannes Schmidt-Thomé
Layout: Heide Blut
Umschlaggestaltung: Heinz Kraxenberger
Zeichnungen: Marlene Gemke
Satz:L☆O☆W, München
Repro: Czech
Druck und Bindung: Oldenbourg Grafische Betriebe
ISBN 3-7742-1648-7

Foto Seite 158/159: ▶
Waldboden mit Moosen, Farnen und Flechten – artenreich und eindrucksvoll.

Rippenfarn

Adlerfarn

Straußfarn

Wurmfarn

Dornfarn